改訂新版

IoTシステムの複雑な
全体像をひもとく情報満載！

IoT
エンジニア
IoT Engineer
養成読本

　IoTシステムは我々の身近なところでも活用されるようになりました。また、新しい技術やデバイス、センサを活用した事例も、日々ニュースでも取り上げられています。
　そこで、本書ではIoTシステムの構成要素である「センサ＆デバイス」「ネットワーク」「クラウド」「アプリケーション」「セキュリティ」を個別にひもとくことで、その全体像が理解できる構成になっています。
　さらに、Part 3では「実践編 IoTデバイス実践講座」としてRaspberry Piを使ったIoTシステムをハンズオン形式で実装していきます。

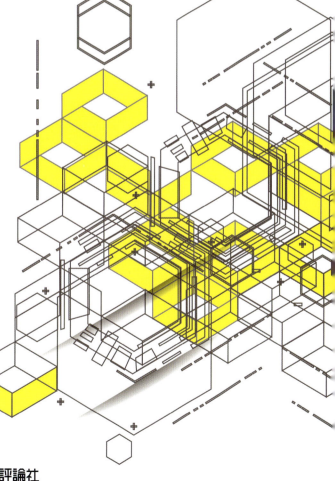

技術評論社

CONTENTS

⚠ 本書はすべて、書き下ろし記事で構成しています。

Part.1 基礎編

Chapter 1 IoTシステムの今
取り巻く環境と複雑な全体像をひもとく　　片山 暁雄 ……… 5

- IoT（Internet of Things）とは ……………………………………… 6
- デジタルツインとは ………………………………………………… 7
- IoTを取り巻く動向 ………………………………………………… 8
- IoTの活用例 ………………………………………………………… 11

Chapter 2 IoTシステムの全体像
IoTを実現するシステムとは　　片山 暁雄 ………… 13

- IoTシステムのオーバービュー …………………………………… 14
- センサデバイス …………………………………………………… 14
- ネットワーク ……………………………………………………… 17
- クラウド …………………………………………………………… 21
- アプリケーション ………………………………………………… 23
- セキュリティ ……………………………………………………… 24

Part.2 技術要素編　IoTシステムの全体像をつかむ

Chapter 3 センサ&デバイス
電子部品の基礎から選定のポイント　　松下 享平 ………… 27

- はじめに〜最初に確認しておきたいこと ………………………… 28
- IoTエンジニアとして知っておきたいデバイスのあれこれ …… 30

デバイス選定ガイド···36

デバイスのこれから··41

Chapter 4

ネットワーク

IoTに最適な通信規格とは
大槻 健···········43

無線PAN ··44

セルラーシステム···48

LPWAとは ··57

アンライセンス系LPWA ···58

ライセンス系LPWA ···61

各システムの選定と実装のポイント·································64

Chapter 5

バックエンド／クラウド

クラウドサービスの設計／運用のポイント
大瀧 隆太···········67

IoTバックエンドとは ···68

クラウドとは···68

クラウドマネージドサービスの活用····························71

クラウドの設計···71

Chapter 6

アプリケーション

IoTで生み出す価値を何倍にもできる
鈴木 貴典···········77

広がるIoTアプリケーションの活用·····························78

IoTの成熟度モデル ···80

成熟度レベルとビジネス領域の変化····························82

IoTで変わるデータ利活用 ···82

IoTアプリケーション設計時のポイント ······················84

IoTアプリケーションの実際 ···86

Chapter 7

セキュリティ

脅威の現実と防御へのアプローチ
竹之下 航洋···········91

IoTのセキュリティリスクは現実のものとなっている ·············92

セキュリティ対策の基礎···95

IoTのセキュリティ防御アプローチ ·······························98

Part 3 実践編　IoTデバイス実践講座

Chapter 8　Raspberry Piの基本動作
事前準備からLED制御まで
松井 基勝 ……… 105

- デバイス（マイコン） …………………………………………………………… 106
- 電子部品 ………………………………………………………………………… 107
- ネットワーク …………………………………………………………………… 108
- 3G/LTE接続モジュール ………………………………………………………… 108
- Raspberry Piをセットアップする（Raspbian OSの設定） ………………… 109
- LEDとスイッチを使ってみる ………………………………………………… 114

Chapter 9　Raspberry Piを外部サービスと連携
センサの値をクラウドに！
松井 基勝 ……… 119

- Raspberry Piを3G接続する …………………………………………………… 120
- メタデータサービスを使ってみる …………………………………………… 122
- 計測データの記録 ……………………………………………………………… 123
- 距離センサの利用 ……………………………………………………………… 129
- 距離センサの応用：トイレセンサを外部サービスと連携 ………………… 130

Part 4 ビジネス編

Chapter 10　IoTシステムをビジネスに活かす
技術者が持つべき視点とは
片山 暁雄 ……… 135

- IoTシステムの今後 …………………………………………………………… 136
- IoTシステムの技術者として必要な技術・スキル ………………………… 141

Part1 基礎編

Chapter1
IoTシステムの今
取り巻く環境と複雑な全体像をひもとく

IoT（Internet of Things）という単語を目にする機会が増えてきました。これはIT系の媒体やメディアに限らず、一般紙やTV番組でも取り上げられているからでしょう。そこで本章では、IoTに至るまでの背景を整理し、どのような状況になっているかを整理します。

片山 暁雄 [URL]https://www.facebook.com/c9katayama　[mail]katayama@soracom.jp
KATAYAMA Akio [GitHub]c9katayama　[Twitter]@c9katayama

現職は株式会社ソラコムで、自社サービス用のソフトウェア開発/運用に携わる。前職はAWSにて、ソリューションアーキテクトとして企業のクラウド利用の提案/設計支援活動を行う。好きなプログラミング言語はJava。

IoT(Internet of Things)とは

IT業界に従事されている方であれば、近年「IoT」という単語を目にする機会が格段に増えている事と感じている方も多いでしょう。筆者もその一人であり、ITにまつわる媒体だけではなく、一般的な新聞や雑誌などでもこの単語が使われることが多くなってきていることを感じます。ITの展示会、例えばITPro Expoなどでも、「IoT Japan」と銘打った展示会場が開設されたり、IoT/M2M展、Japan IT Weekなどでも同様にIoTカテゴリの展示が模様されています。

また大手量販店にも「IoT家電コーナー」（図1-1）のようなものも登場し始めており、少しずつ世間への浸透が進んでいるようです。

では、IoTとは一体どのようなものなのでしょうか？ IoTは「Internet of Things」の略語で、この用語は、RFID[注1]の標準化を推進したKevin Ashtonが1999年に提唱したと言われています。Internet of Thingは、そのまま日本語に直訳すると「モノのインターネット」ということになりますが、しかしながらこの訳だけでは、一体どのようなことなのか、正直よくわからないと思います。モノがインターネットをするのか？ モノだけがつながるインターネットのことなのか？ モノ自体がインターネットになるのか？

実のところ、IoTについての解釈は人によってかなり異なっていると言えます。例えば先ほどのIoT家電のように、電気ポッドがネットワークに繋がり、お湯が湧いたときにTwitterでツイートするようなモノのことをIoTと言ったり、Wi-Fiで無数のモノがつながるネットワークのことをIoTと言ったり、工場の製造装置のデータを集めて分析することをIoTと言ったり、自動車の自動運転の制御をする技術のことをIoTと言ったり、IoTという言葉が適用される場面やそれがもたらす効果は、かなり広い範囲に及びます。つまりこれらはすべてIoTという単語の1つの側面を表しているだけで、IoTとはかなり広範囲の事象をさすものである、と言えます。

現在のIoTを取り巻く状況は**1990年代におけるインターネットと類似**しています。当時は「インターネットとは？」「インターネットで何ができるのか？ 変わるのか？」ということがしきりに論じられていました[注2]。それから20年、もはやその存在は当たり前のものとなり、その上で構築されたアプリケーションやサービスが注目の的になっています。つまり**インターネットはインフラ**となったわけです。しかしながら、現在におけるインターネットを利用したビジネスの大半は情報の伝達、すなわち広告や仲介もしくは物販であり、それ以上の大きなビジネスモデルが産まれていないということも事実としてあります。

しかしながら、今後数年間で400億以上[注3]ものセンサやアクチュエータ[注4]といったハードウェアがインターネットに接続されるといった予測もあり、加速度的にモノがネットワークに接続されていきます。これは言い換えれば**インターネットに眼や手足がつく**ことを意味しています。

特に眼は、カンブリア紀における生物の劇的な進化を引き起こすことになった重要な器官であることは知られているところです。インターネットも同様に眼、そして手足を獲得することで、1990年代から現在までのインターネットの発展とは異なる、非連続な進化がもたらされると言えるでしょう。

情報の伝達に留まっていたインターネットが、**眼や手足によって労働力を直接供給するインフラへと進**

注1) タグにIDを埋め込み、そのタグの情報を近距離から電波を用いて非接触で呼び出す技術。製品管理などに利用されている。

■図1-1：某家電量販店の「IoTスマートソリューションコーナー」

注2) インプレスR＆D社「インターネットマガジン バックナンバー」
URL https://i.impressrd.jp/e20071218195

注3) 総務省「平成30年版情報通信白書」「IoTデバイスの急速な普及」
URL http://www.soumu.go.jp/johotsusintokei/whitepaper/ja/h30/html/nd111200.html

注4) モーターなどの物理的運動を行う装置。

化すること、またさらに目や手足によって獲得されたデータを元に、**物理世界**が**デジタル化**されます。このデジタル化により生まれる新しいインフラそのもの、もしくはそれを支えるための要素、そしてそのインフラを使って新しい価値やビジネスを生み出すことがIoTである、と筆者は考えています。

デジタルツインとは

調査会社であるガートナーが発表した「2019年の戦略的テクノロジトレンド」の1つとして、「デジタルツイン」という用語を挙げています（**図1-2**）。

デジタルツインとは、物理的なモノに取り付けたセンサなどを通じて、そのモノのさまざまなデータを取得し、物理的なモノのツイン（対）をデジタル上に作り上げ、そのデジタルツインに対して処理を行うことで生産効率を上げたり、付加価値をつけたりする、という概念のことを指します。似たような考え方では、「サイバー・フィジカル・システム（Cyber Physical Systems；CPS）」というものなどもあります。またデジタル化を行うことを、「デジタルトランスフォーメーション（Digital Transformation；DX）」と呼びます。

モノの情報がデジタル化されるメリット

では物理的なモノの情報がデジタル化されることは、どのようなメリットがあるのでしょうか？ 例えば皆さんは、PCの中のファイルやフォルダを定期的に整理することがあると思いますが、どのようにして必要な

■図1-2：デジタルツイン

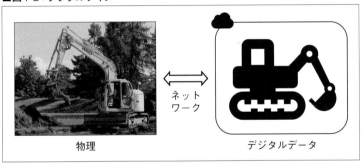

■図1-3：サイバー・フィジカル・システム

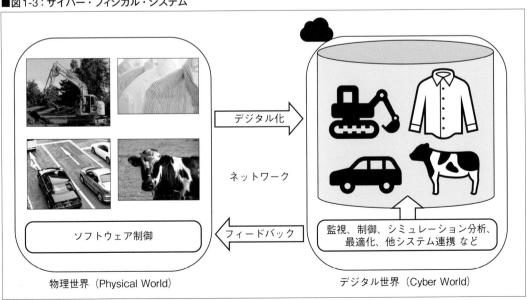

Part1　基礎編

ファイル／必要でないファイルを分別するでしょうか？ 中身を見て決める方もいると思いますが、例えば最終更新日や最終アクセス日を見て、「このファイルは2ヵ月触っていないからいらないかな」というようにして決めている方もいると思います。

　PCの中の情報はもちろんすべてデジタル化されているため、特定のフォルダの中のデータだけを見たり、最終アクセス日で並び替えたり、指定の条件でファイルを抽出することは容易です。これは実はデジタル化の恩恵で、これと同じことを物理的なものに行うことは、実は非常に手間がかかります。

　例えば、部屋の整理をすることを考えてみるとわかると思いますが、必要なものと必要でないものを分類したり、必要と思ったけど全然使ってないものを抽出したりするのはかなり手間がかかります。ところが、仮に部屋の中のすべてのモノがネットワークに繋がり、そのモノの情報が、モノごとにファイル化されていたとしたらどうでしょうか？ タンスの中から、過去6ヵ月着ていない（変更のない）洋服（ファイル）を抽出したり、特定のモノを買ってから（ファイルが作成されてから）何年経ったか確認したりすることが、非常に容易に行えます。

　また物理的なモノの情報が定期的にデジタル化できるような仕組みができてしまえば、デジタルツインには最新の情報が反映されるため、その情報を自分自身で活用するだけでなく、ITシステムにデータの処理を任せることが可能となります。

　監視を行うシステムにデータを渡すことで、位置や温度などに異常があったときに警告を受けられるようにしたり、自分の持っているデータに対して最適化をするようなシステムにデータを渡すことでアドバイスを受けられるようになったり、シェアリングしたり売買するようなシステムにデータを渡すことで、物理的なモノをシェアしたり売買することを容易にしたりすることができるようになります。

　車をイメージするとわかりやすいですが、自分の車のあらゆる情報が常にデジタルツインとしてデータ化されていれば、自動車の状態を常にチェックするような仕組みを使うことが可能になります。例えばエンジン音がデジタルデータ化されていれば、通常とは違う異音を検知するようなこともできるでしょう。

車のエンジンをいつも整備士に見てもらうことは、現実世界では難しいですが、デジタル世界に自分の車が再現されていれば、それを容易にしかも、安価に行うことが可能です。またその情報を元に自動車や整備工場にフィードバックを行うことで、モノが自律的に修理を行うことができれば、それは大きな労働力となります。

　このような形で、デジタルツインを使うことで、物理的なモノの分類や構成の把握、位置情報や温度などの状態の把握、時系列での状態の把握、ソフトウェアを使った分析などが容易に行えるようになります。

企業や国レベルで考えると……

　上記の例は、単に個人レベルのデータの話ですが、これが企業や国レベルで行えるようになったとしたら、どうでしょうか？ 例えば製造業であれば、工場や倉庫や、流通経路の情報がすべてデジタル化されることで、異常を発見したり最適化したりすることが容易になってきます。こういった取り組みをさまざまな産業の企業が行うことで、大きなデジタルの基盤が構築されていきます。

　この基盤を使って、自社のメリットとなるような取り組みをする企業はもちろん増えていきますが、さらに集まったデータに対してビジネスを行う企業はより増えていくでしょう。また眼を持ち、手足を動かすことができるようになったIoTは、デジタル化された基盤を使い、多くの分野で労働力を置き換えていくでしょう。これにより18世紀の産業革命で起こったような、新たな職種やビジネスモデルの創出が期待されます。これが今、IoTを取り巻く「熱」の要因です。

IoTを取り巻く動向

　先の節では、IoTの目指すところ、少し先のデジタル化された社会基盤について説明をしました。しかしながら2019年現在では、まだまだ物理世界のツインとなるほどのネットワークやデータ、手足となるようなデバイス接続がないのが現実です。この先に生まれる社会基盤や大きなビジネスチャンスを目

8

指して、IoTに対する取り組みが大きくなり、実際に取り組みが始まったのがここ数年と言えるでしょう。

ですが、実は「モノがネットワークにつながって新しい価値を生み出す」というコンセプト自体は、「IoT」という用語が取り上げられるより前でもいくつもありました。例えば「ユビキタスコンピューティング」「M2M (Machine-to-Machine)」「スマートグリッド」「インターネットプラス」などです。こういった用語が使われ始めたのは、古くは1980年代にさかのぼります。しかしながら、今までこういったことは提唱されながらも、大きなムーブメントになったり、社会基盤となるところまでは発展しませんでした。

その理由はいくつかあると思いますが、大きな理由としては、IoTシステムはトライ&エラーを多く要することであるということと、それを支える安価で容易な技術が十分でなかった点にあると考えています。

IoTに必要なトライ&エラー

モノをIoT化して、それを利用することで利益を上げる、と言葉で書くのは簡単ですが、実際に利益を上げるところまでシステムを作るのは、多くのトライアンドエラーを必要とします。

例えば、トイレにあるハンドソープの残量がわかるようなベンディングマシンを考えてみましょう（図1-4、図1-5）。ベンディングマシンの中に液量を測るセンサと通信モジュールが入っており、定期的にハンドソープの残量をサーバにアップロードするようなシステムです。このハンドソープを販売している側をメーカー、ハンドソープのベンディングマシンを設置している側（ビルやテナントの運営者）を設置者とすると、もしこのシステムが稼働すれば、次のようなメリットが考えられます。

- ハンドソープがある一定量を切ったら、設置者に対してお知らせしたり、自動的にハンドソープを届けるような仕組みが作れる

これは非常にわかりやすいメリットで、メーカーと設置者双方に利点があります。設置者はハンドソープが切れる前に知ることができるので、ハンドソープが切れる前に補充することができるため、トイレの利用者へのサービス向上となります。また設置者は定期的な残量点検の工数を削減できる可能性もあります。メーカーとしては、こういった付加価値サービスを提供することで、設置者が別のメーカーに乗り換えることを防ぐことができる可能性もありますし、

■図1-4：トイレのソリューション（例）

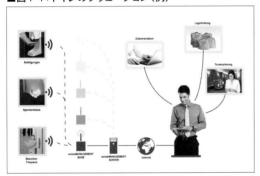

出典：URL http://www.hagleitner.com/fileadmin/user_upload/images/senseMANAGEMENT_06.JPG

■図1-5：図1-4のコンセプト図

出典：URL https://www.youtube.com/watch?v=kFuyzLF5Vew

また定期的にハンドソープを発注してくれる仕組みまで構築すれば、設置者としては囲い込みがしやすくなる可能性があります。

しかしながら、実際にこのシステムを稼働させるためには、いくつも考慮するべき項目があります。例えば少なくとも、次のような項目については検討が必要でしょう。

- どのようなデータをサーバに持っていくのか
  →取得するデータの種類、頻度、精度
- データをどのようにサーバに持っていくのか
  →どのような通信回線を使うのか
  →どのような通信プロトコルを使うのか
- データを受け取る側をどのように構築するのか
  →サーバやディスクの容量見積もりはどうするのか
  →デバイスからどのようにデータを受け取るのか
- 自動発注の仕組みをどう作るのか
  →自動発注するタイミングをどのようにするか
  →受発注のためのシステムをどう作るか
- 電源をどうするのか
  →バッテリーが必要な場合は、どのぐらいの間隔で交換が必要なのか
- 耐候性、耐水性、動作温度などハードウェアのスペックをどうするか
- 運用保守をどのように行うのか

またこういった項目の1つひとつにおいて、費用の面の考慮が必要です。システム構築にかかる費用だけではなく、どこに費用を乗せるべきか、どう利益につなげるのかを検討する必要があります。費用をメーカーが負担するのか、製品価格に転嫁するのか、それとも設置者にサービス利用料として負担してもらうのか、いくらの負担なら問題ないのかなど、費用を積み上げて検討する必要があります。IoTのシステムは、デバイスやネットワーク、クラウドなど複数のパートをまとめてシステムを作ることが必要であり、実際にプロトタイプを作成して運用してみないと、問題となる箇所や、どのような費用がどの程度かかるのか、どの程度メリットがあるのかどうかがわからないことが多くあります。

また単にハンドソープが切れることをお知らせするだけでなく、さらに新しい利益を得ようとすると、例えば次のような取り組みが考えられます。

- データを取り続けることによって、どのぐらいの速度でハンドソープが消費されるのかがわかる
  →次にいつ頃切れるのかを分析し、そのデータを集積して受給予測や生産計画に活かす
- ハンドソープの残量以外の情報も取得して、製品開発に活かす
  →ハンドソープの利用量を取り、1回の利用量はどの程度が適切なのか分析する
  →設置場所や男女差、温度や湿度を取ることで相関を見る
- ベンディングマシンからデータが取得できることを利用して、他のビジネスを考える
  →例えばトイレの空き情報も取得し可視化できるようにして、テナントのトイレの混雑解消や、高速道路や鉄道などのサービスとの連携ができるようなソリューションを作る
- 似たような仕組みが適用できる企業に、ノウハウを販売する
  →例えばウォータサーバやコピー機などの業種に仕組みを提供する

IoTシステム使って得たデータやその基盤を使って、他社に対してビジネスを考えることで、今まででは得られなかった利益を得ることができるようになる可能性があります。しかしながら、自社でデータを利用して利益を上げること以上に難易度が高く、投資額も大きくなっていきます。

「死の谷」を越えるために……

実際に仕組みを作り、利益を上げるまで運用するまでの間の難しさは、通称「死の谷」とも呼ばれており、この谷を越すために、実際に実証実験（Proof of Concept：PoC）を繰り返して、事業化のメドをつけていく必要があります。

データはある程度の期間／量を貯めることで価値を生み出すものも多く、いかに早くデータを蓄積し始めるかということも、IoTシステムを成功させる要因の1つとなります。上記の例で言えば、例えば高速道路の1つのトイレだけをデータ化してもあまり価

値を生み出さないですが、高速道路すべてのトイレからデータを取ることができれば、そのデータを元に、例えばカーナビのシステムなど、さまざまなサービスと連携できるでしょう。また取得したデータを自社だけで利用するのではなく、データをAPI経由で利用できるようにすることで、それを使ったアプリケーションなどが出回る可能性もあり、ベンディングマシンを中心としたプラットフォームビジネスに発展する可能性もあります。

このため、トライ&エラーを繰り返し、そのままビジネスに繋げていくためには、極力低コストかつ短期間でPoCを行い、トライ&エラーを行うたびに出てくる問題や要望に対してシステムを容易に変更でき、かつ商用環境として利用できるところまですぐにスケールアップできるような環境と技術が必要となります。

ここ数年でIoTが注目されているのは、ITインフラの発達により、このトライ&エラーに必要なインフラが整ってきたため、ビジネス化までのリスクを大きく減らせたことが1つの要因と言えます。

ITインフラの発達

IoTでは、主なシステム構成要素として「センサやデバイス」「ネットワーク」「コンピューティング（クラウド）」が必要になります。ここ数年で、いずれの構成要素も大きく進歩し、小型で高性能のものが安価に利用できるようになりました。最も進歩が大きかったものとしては、やはりクラウドコンピューティングが挙げられます。

クラウドも利用形態やサービスによってさまざまなカテゴリや利用形態がありますが、特にその進化と規模の拡大が著しかったのは、「パブリッククラウド」と呼ばれるカテゴリのクラウドでしょう。「Amazon Web Services（AWS）」を筆頭に、マイクロソフトが提供する「Azure」、Googleが提供する「Google Computing Cloud」など、「メガクラウド」と呼ばれるクラウドベンダが、クラウド・コンピューティング環境を世界中に提供しています。

これらのメガクラウドに共通するのは、次のようなことです。

・初期費用が不要で、利用した分だけ支払う
・幅広いレイヤのサービスが揃っている
・APIを使って、各種機能を利用できる

詳細については第5章で説明しますが、こういったクラウドの利点を利用すると、技術者が1人いれば、短時間でIoTのバックエンドシステムを構築できます。またPoCを進めつつ、システムの形を変えていくことが可能となります。

実際に、筆者の周りにはデバイスからクラウドまで1人で構築できるエンジニアがおり、プロトタイプやPoCの際には要望を聞きながら逐次システムを更新し、あっという間に動くものを構築し、それをベースに議論が進みます。

こういったことができるのも、1つにはクラウドコンピューティングが大きく進化したからだと言えます。もちろんセンサやデバイス、ネットワークなども大きく進化しており、クラウドのように技術者が1人でできる領域が広がっています。

こういった知識を技術身につけることは、IoT技術者にとって必須と言えます。これらの各構成要素については、第2章以降で詳細に解説します。

IoTの活用例

では実際にIoTを活用した事例をいくつかご紹介します。

製造業からIoTプラットフォーマーに

おそらく最も有名な事例は、アメリカのGE（General Electronics）だと思います。もともとは航空機のエンジンや風力発電のタービンなどを作るいわゆる製造業でしたが、2012年に、ネットワークに接続されたモノと、クラウド上で構築された分析ソフトを結びつけて、いままでにはない付加価値とコスト削減を行う「インダストリアルインターネット」という構想を提唱しました。仮にIoTで各産業を1%でもコスト削減できたとしても、200億ドルもの費用が削減できるとしています。

GEは自社の製品にセンサを付け、製品の稼働データを取得し、自社のIoTをプラットフォームで分析することで、高度な予防保全や稼働の最適化を行っ

ています。例えば航空機であれば、各部品の状態を把握し、予防保全を行うことで、航空機の稼働率を上げ、部品供給コストを抑えたり、燃費を向上させたりしています。

またGEの作った「Predix」と呼ばれるIoTプラットフォームと、その上で動作する「Predictivity」と呼ばれるアプリケーションはクラウド上で稼働し、GE以外の企業、例えば鉄道、発電、石油、医療などの企業に販売しており、そのプラットフォーム収益も獲得しており、製造業からIoTプラットフォーマーに変わろうとしています。

日本でも、コマツが建設機械の稼働管理や車両管理を行える「KOMTRAX」というIoTシステムを提供しており、6万台以上の建設機械に取り付けられています。車両の保守情報、例えばオイルやエレメントの交換時期の管理や、GPSを使った車両の位置管理、稼働時間や燃料の残量などの稼働管理が行える仕組みになっており、日本のIoTシステムの先進例として多く取り上げられています。

トイレでのソリューション

また、この章で例として挙げたトイレのソリューションのように、残量を検知して自動的に注文を行うウォータサーバが実際に販売を開始しています(図1-6)。製品自体にセルラー通信が組み込まれており、利用者は電源を入れるだけで、あとはウォータサーバが適切なタイミングで発注を行なってくれます。

このような形で、利用者が意識せずともネットワークに繋がる製品が増えてきており、IoTは日々身近なものになってきています。モノがネットワークに繋がることで、今まででは得られなかった価値を利用者と提供者に享受することができるため、この流れは今後も加速することでしょう。

まとめ

この章では、IoTがなぜいま取りだたされているのか、IoTを使ってどのようなことが実現されようとしているのか、そしてその実現の難しさについて説明を行いました。

IoTのシステムは、ビジネス価値を生み出すまでのトライ＆エラーと、それを早く行うための広いレイヤの知識が求められます。しかしながら、IoTは今までにはない新しい価値やビジネスを生み出し、それが競争優位性となる可能性を秘めているため、技術者としては取り組みがいのあるテーマであることは間違いありません。

■図1-6：自動再注文するIoTウォータサーバ

Part 1 基礎編

Chapter 2
IoTシステムの全体像

IoTを実現するシステムとは

この章では、IoTを実現するシステムについて、システム全体がどのようになっているのか、どのようなセグメントがあるのか、どのような仕組みが用いられるのかについて解説します。各セグメントの詳細は次章以降で個別に説明しますが、この章ではまず、IoTシステムの全体像と各セグメントの概要を掴んでいただき、システム構築に際してどのような点を考慮すべきかについて解説します。

片山 暁雄　　[URL]https://www.facebook.com/c9katayama　　[mail]katayama@soracom.jp
KATAYAMA Akio　　[GitHub]c9katayama　　[Twitter]@c9katayama

現職は株式会社ソラコムで、自社サービス用のソフトウェア開発/運用に携わる。前職はAWSにて、ソリューションアーキテクトとして企業のクラウド利用の提案/設計支援活動を行う。好きなプログラミング言語はJava。

IoTシステムのオーバービュー

図2-1はIoTシステムの全体像で、さまざまな形でセンサやデバイスが接続され、データがクラウド上に集まり、そのデータに対して処理が行われることを示しています。

IoTシステムでは、大きく分けて「センサデバイス」「ネットワーク」「クラウド」「アプリケーション」のセグメントがあり、またそれを包括する形で「セキュリティ」のセグメントがあります。これら各セグメントについて説明します。

■図2-1：IoTシステムの全体像

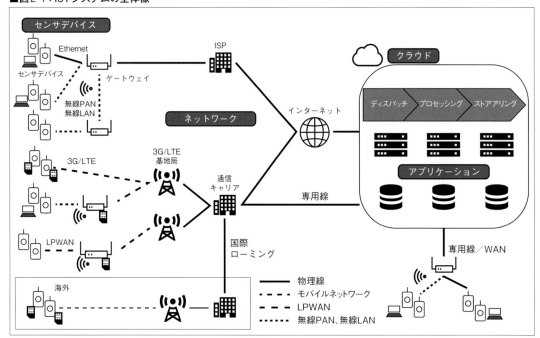

センサデバイス

図2-1で、一番左側に位置するのが「センサデバイス」です（図2-2）。物理世界につながり、実際のデータを取得したり、クラウドからのフィードバックを受けてモーターやポンプ、LEDなど、物理世界で稼働するモノ（アクチュエータ）を動作させたりします。

センサで取得できる情報によって多種多様にあり、例えば次のような情報を取得できます。

- 位置情報（GPS）
- 重量／体積／密度
- 圧力／衝撃力
- 加速度／角速度
- 方向／距離
- 画像／動画
- 光量／色
- 磁力
- 電流／電圧
- 温度／湿度
- 成分量
- 流量
- 生体情報
- 音声／周波数
- 振動
- ON/OFF状態

■図2-2：センサデバイス

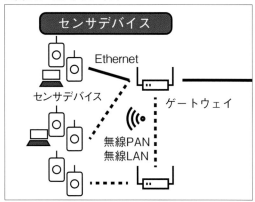

Chapter2 IoTシステムの全体像

センサはI2C注1やGPIO注2といった物理インタフェースでデバイスに接続され、デバイス上のプログラムから読み取りが行われます（図2-3）。また同様に、物理インタフェース経由でアクチュエータを動作させます。

デバイスはセンサからデータを受け取り、ネットワークを経由してサーバと通信を行います。このため、デバイスには演算能力とネットワーク接続が必要となります。

演算用のプロセッサとして多く使われているのが、ARMアーキテクチャのプロセッサです。2016年にソフトバンクが買収したニュースで一躍有名となりましたが、このARM社が開発したCPUのアーキテクチャが、多くのIoTデバイスで使われています。

図2-4は、32bitのARMプロセッサの乗った製品です。CPUの処理性能としてはクロック周波数96MHz、32KB RAMと、処理能力は高くありません。mbed OSと呼ばれるOSが載っていますが、WindowsやLinuxのようなGUIやコマンドラインインタフェースはなく、C言語で書いた単一のプログラ

■図2-4：mbed LPC1768

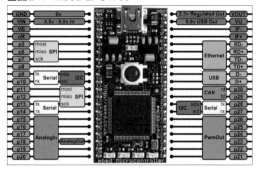

ムを実行し続けるようなものになっています。図2-4からもわかるとおり、I2Cなどのデバイスとの入出力ポートや、ルーターなどの接続するためのEthernetポート、シリアル通信ポートなどがついているため、IoTデバイスとして使う場合は、センサの情報を取得し、データを加工してEthernetなどで指定のサーバに送るような動作をさせる形になります。

またARMプロセッサ以外では、PCなどでおなじみのインテルアーキテクチャのプロセッサが使われるデバイスもあります。

図2-5は、インテルのAtomプロセッサがCPUとして搭載されています。クロック周波数が500MHz、デュアルコア、メモリ1G RAMと、一昔前のPC並の処理能力となっています。OSもLinuxが動作するため、CやPython、JavaScriptなどで作られた複数のプログラムを動作させることが可能です。ま

注1) Inter-Integrated Circuit。センサとデバイスを結ぶシリアル通信用のインタフェース。2本の物理線で接続する。
注2) General Purpose Input/Output。デジタル信号と電圧の入出力が行えるインタフェース。GPIOは、入力される電圧をソフトウェアで読み取ったり、指定したりできる。場合のよっては0か1かを読み取り、ソフトウェアからその値を取得することができる。またデジタル入出力（0 or 1での入出力）を行うことができるため、ソフトウェアと接続されるセンサやアクチュエータとの取り決めを行えれば、自由に入出力が行える。

■図2-3：GPIOで接続された超音波センサ

■図2-5：OpenBlocks EX1

改訂新版 IoTエンジニア養成読本　15

Part1　基礎編

たこのデバイスには3G/LTEでセルラーネットワークに接続するためのモデムも内蔵されているため、このデバイス単体でクラウドとの通信が可能となります。

センサデバイスを選定する際のポイント

IoTでセンサデバイスを選定する場合は、目的のデータが取得できるセンサを選択するのはもちろんですが、デバイスでどの程度の処理が必要なのか、またどのような環境で動作させるのかを見極めることが重要となります。デバイスは処理性能や耐候性により、物理的なサイズや消費電力、価格が変わってくるからです。例えば単純に温度の情報を取得できれば良いのであれば、処理能力は低くても消費電力が少なく安価なデバイスが適しています。また画像処理やある程度の演算をデバイス上でする想定であれば、OpenBlocksのような演算能力の高いデバイスを選択する必要があります。ただこの場合は消費電力が大きくなるため、電源が取れる場所に設置したり、もしくは大型のバッテリーと一緒に配置する必要があります。

ゲートウェイの位置づけ

またセンサデバイスを配置する場合に、「ゲートウェイ」と呼ばれる装置を用いることも多くあります。**図2-2**からもわかるとおり、ゲートウェイには多くのデバイスがぶら下がるような構成を取ります。ゲートウェイは、デバイスに対してネットワークへのコネクティビティ（相互接続性）を提供します。

オフィスからインターネットなどの外部ネットワークと接続する場合は、ゲートウェイとしてルーターがよく用いられますが、ルーターは主に通信に特化して、ルーティングやパケットのフィルタリングのような処理を行います。これに対して、IoTで用いられるゲートウェイは、単に通信を集約して中継するだけでなく、データを集積したり、加工したりして、ゲートウェイにぶら下がるデバイスの処理能力を補うようなことも行います。デバイスの処理能力が低い場合や省電力／小型であることが求められる場合は、センサデータの取得に必要最低限の処理能力を持ったデバイス

（例えば「マイコン」と呼ばれるようなデバイス）を用い、クラウドとのやり取りやデータの加工などをゲートウェイに集約するようなことも可能です。

実際に、**図2-5**のOpenBlocksはそれ単体でもデバイスからデータを受け取り、セルラー通信を使ってクラウドとのデータ送受信を行うこともできますが、周囲のデバイスとWi-FiやBLE（Bluetooth Low Energy）などを使って周囲のデバイスから情報を集め、集約したうえでクラウドとデータ送受信を行ったりも出来るため、ゲートウェイとしても利用することができます。

エッジコンピューティング／フィグコンピューティング

またこのゲートウェイにより高い演算能力を持たせ、デバイスの近くで大量のデータ処理を行う「エッジコンピューティング」や「フォグコンピューティング」と呼ばれるアーキテクチャが利用される場合もあります。センサデバイスからの情報をもとにリアルタイムに高度な演算をしたい場合や、周囲のデバイスと協調して低遅延でデータ交換をしたい場合などに使われます。例えばGPU（Graphics Processing Unit）のメーカーであるNVIDIAも、近年は機械学習やAI、ディープラーニングなどを使った高度な画像解析や状況判断を行う仕組みのためのGPUを提供しており、製造用ロボットの大手であるファナックなどが、GPUを使ってエッジコンピューティングでロボットの作業の効率化を図っています。

URL http://www.nvidia.co.jp/object/fanuc-build-factory-future-using-nvidia-ai-platform-20161005-jp.html

センサデバイスについては第3章で詳しく説明しますが、センサとデバイスについては、まずは物理的な制約（サイズや電源、耐候性など）への考慮が必要となります。そしてそれによるトレードオフを考えながら、取得するデータの量や処理量、処理速度を考慮して、IoTシステムのどこで処理や保存を行うのかを検討する必要があります。

16

ネットワーク

IoT システムでは、デバイスとクラウドをネットワークで接続します。ネットワークにはさまざまな規格やプロトコルがあり、利用するデバイスや場所、データ量などによりどの技術を利用するかを検討する必要があります。表2-1は、OSI 参照モデル[注3]の各層でよく利用される規格やプロトコルを示しています。

表2-1は各層でIoTによく利用される要素技術をまとめたもので、例えば「Wi-Fi」や「Bluetooth」といった呼ばれ方をする通信規格は、各層で利用する技術が規定されたものになります。例えばWi-Fiであれば、5GHzもしくは2.4GHzの無線、Ethernet、IP,TCPなどが各層の機能が用いられます。またWi-FiでWebサイトにアクセスするのであれば、これらの要素に加えて、セッション層やアプリケーション層のプロトコルとして、TLSやHTTPが用いられます。

IoTはシステム設計上、ネットワークは大きなポイントとなりますが、ネットワークは物理的な接続から、アプリケーション間のデータ受け渡しのプロトコルまでと定義が幅広く、またデバイス間、デバイス⇔ゲートウェイ間、ゲートウェイ⇔クラウド間、クラウド間など、場所により最適な技術は異なるため、すべてを網羅して詳細を把握することは大変時間がかかります。

ネットワークの各層で利用される技術については第4章で詳細に説明をしますが、ここではネットワークについてどのような考慮が必要について、大まかに説明します。

クラウドへの接続方法

デバイスからどのようにクラウドに接続するかの方法です。大きく分けて、デバイスから直接クラウドに接続する方法と、ゲートウェイ経由で接続する方法があります。

❖デバイスを直接クラウドに接続する

デバイス自体に高い通信能力を持たせ、直接クラウドに接続する方法です。デバイスから直接クラウドに接続する場合は、通常は3G/LTEのセルラー通信が利用されます。例えば図2-5のOpenBlocksも、デバイスの中にセルラー通信用のモジュールが内蔵されており、それ単体でクラウドに直接接続をすることができます。

セルラー通信は、IoTデバイスにおいても、現在はスマートフォンや携帯電話で使われる方式を利用します。セルラー通信については第4章で詳細に説明しますが、通信するためには、3G/LTEに対応した通信モジュールと、通信キャリアから提供されるSIM (Subscriber Identity Module。図2-6) が必要となります。

SIMは大きく分けて、カード型の形状のものと、組み込み用途で使われるもの (Embedded SIM/eSIM) と呼ばれるものがあります。SIMには、通信を確立するための認証時に使用されるユニークIDと、無線通信を暗号化するための暗号鍵が入っ

注3) 国際標準化機構(ISO)によって策定されたネットワークのモデル。通信機能やプロトコルを階層構造に分割しており、下位の層は上位の層に対して抽象化された機能を提供する。

■表2-1：IoTシステムで利用されるネットワーク規格やプロトコル

OSI 参照モデル	規格/プロトコル
第7層：アプリケーション層 第6層：プレゼンテーション層	HTTP、MQTT、AMQP、Websocket、CoAP、XMPP、BGP、DHCP、DNS、Telnet、SSH、SNMP
第5層：セッション層	TLS、DTLS、PAP、CHAP
第4層：トランスポート層	TCP、UDP
第3層：ネットワーク層	IP(v6、v4)、IPSec、ICMP、ARP
第2層：データリンク層	Ethernet、PPP、PPPoE、PPTP、L2TP
第1層：物理層	ツイステッドペアケーブル、光ファイバ、無線(周波数700MHz、800MHz、900MHz、920MHz、1.5GHz、1.7GHz、2.1GHz、2.4GHz、5GHzなど)

改訂新版　IoTエンジニア養成読本　**17**

■図2-6：SIM

ており、これを使ってセルラーネットワークへの接続と通信の暗号化が行われます。このため、不正な認証情報を持ったデバイスはセルラーネットワークには接続できず、またネットワーク層で暗号化が行われるため、デバイスから通信キャリアまで安全に通信できます。

しかしながら、通信キャリアからクラウドへの接続は、通常はインターネットが利用されます。このため、通信キャリアとクラウド間の通信については、何らかの形で通信の安全性を担保する必要があります。

この方法にはいくつか種類があります。たとえばTLSなどの暗号化をしたり、VPN接続を行うなどの方法があります。また例えばIoT向け通信キャリアであるソラコムは、通信キャリアからクラウドまでを専用線で接続しているため、デバイスからクラウドまでの間を、閉域のプライベートネットとして利用することができます。またNTTドコモの提供するアクセスプレミアムも同様に、通信キャリアとデータセンターやクラウドに対して専用線や広域イーサネットで接続するサービスを提供しており、これらはネットワークの低レイヤーで通信の安全性を高める仕組みとなっています。

❖デバイスをゲートウェイ経由で接続する

デバイスからは直接クラウドに接続せず、ゲートウェイを経由する方法です。ゲートウェイは前節でも説明したとおり、デバイスの通信を中継して、クラウドへ接続する役目を担います。

デバイスとゲートウェイの接続を考えた場合、大きく分けて次の2種類に分けられます。

・物理線接続
・無線接続

IoTシステムでどのようなセンサデバイスを用いるかにより検討が必要となるポイントですが、それぞれの接続方法について説明します。

物理線接続は、デバイスをゲートウェイと物理線で接続する方法です。多くの場合、いわゆるLANケーブルを使ったEthernet接続が用いられます。

物理線での接続を用いた場合、デバイスからゲートウェイまで、高速（数十Mbps～数Gbps）で安定した通信が行えるのが利点です。またEthernetのコントローラーは安価なため、デバイスの費用を安価にすることができます。

ただし物理的な制約が多くなります。まずデバイスにケーブルを接続するための物理ポート（RJ46）を設ける必要があるため、小型のデバイスには不向きです。またデバイスが物理線で接続されるため、移動するデバイスには利用できません。

一番大きい問題はゲートウェイからデバイスまでの配線が必要になる点で、特にケーブルを屋内に配線する作業負担が大きいのと、屋外や工場などでは敷設が難しい場合があります。こういった制約があるため、物理線での接続は、小型のPCサイズ以上の据え置き型のデバイスで用いられるケースが多いと言えるでしょう。

無線接続は、デバイスとゲートウェイを無線で接続する方法です。無線での接続の場合、デバイスとゲートウェイ間の物理線がないため、ケーブルの制約に縛られないのが大きな特徴です。このため、ゲートウェイから電波の届く範囲であればデバイスの設置場所を柔軟に変更できますし、移動体でも利用することが出来ます。ケーブル配線の手間がないため、後からデバイスを追加することも容易です。

しかしながら、無線接続は周波数やプロトコルにより多くの規格があり、それぞれ特徴が異なります。このため、IoTシステムに求められる要件により、適切な規格を利用することが重要です。

例えば次のような規格があります。

- NFC

- RFID
- Bluetooth Low Energy（BLE）
- Wi-Fi
- ZigBee
- Z-Wave
- LoRaWAN
- SigFox

　詳細は第4章で説明しますが、規格ごとに次のような項目に特徴があります。

- 通信速度
- 通信距離
- 通信方向（双方向／一方向）
- 消費電力

　例えば、一般的に利用されているWi-Fiは、規格によっては通信速度は最大数百Mbpsと速く、双方向の通信が行えますが、デバイスとゲートウェイの間は屋内であれば最大でも数十mに留まります。またBLEの場合はWi-Fiよりも通信速度は遅く（最大1Mbps）、通信距離も短いですが、名前のとおり低消費電力で通信できます。また最近よく取り上げられているLPWAN（Low Power Wide Area Network）のカテゴリの通信、例えばLoRaWANは、通信速度は数十bpsと非常に遅いですが、通信距離は数キロに及びます。また消費電力も少なく、乾電池1本で数年間動作させることも可能です。

　デバイスとゲートウェイの接続を検討する場合は、構築するIoTシステムに必要な通信を満たしながら、消費電力などの物理制約も考慮に入れ、どの規格を利用するのかを決める必要があります。

❖ゲートウェイからクラウドへの接続

　ゲートウェイからクラウドへは、大きく分けて次の3つが用いられます。

・ISP経由のインターネット接続
・専用線／WAN経由の閉域網接続
・通信キャリア経由の接続

　ISP経由のインターネット接続は、安価にクラウドに接続できるため多く用いられる方法です。ISPとは、Internet Service Providerの略で、ニフティやソネット、ビッグローブなどが大手のISPです。ISPまではフレッツ光のような光ファイバーのネットワーク接続サービスなどで接続を行います。ISPは名前の通りインターネットへの接続を提供するサービスを提供しており、ゲートウェイはISPからインターネットを経由ししてクラウドに接続します。ISP経由のインターネット接続では、最大10Gbpsといった高い通信速度を提供しているサービスもあり、安価で高い通信速度でクラウドと通信をすることができるため、数百Mbyte～数Gbyteといったデータの送受信も可能となります。

　しかしながら、ゲートウェイからISPへの接続を行うために、光ファイバーなどの物理線を利用するため、ゲートウェイ自体の設置場所まで配線工事を行う必要があります。

　またこの接続の場合、ゲートウェイからクラウドの間はインターネットを経由するため、先述のとおり、セキュリティについて考慮する必要があります。秘匿性の高いデータについては、デバイス自体、もしくはゲートウェイの部分での暗号化が必要となります。ただしゲートウェイを利用する場合、ゲートウェイ自体が高い演算能力を持っているケースが多く、またゲートウェイ自体がIPsecやSSL-VPNなど、ゲートウェイ経由の通信の安全性を高める仕組みを備えている場合も多いため、こういった機能を併用するケースも多くあります。

　専用線／WAN経由の閉域網接続の場合は、ISPの代わりに、専用線接続サービスやWANサービスを利用して、インターネットを経由せずにクラウドまで接続します。この方法の場合は先述のとおり、インターネットを経由しないため通信経路で安全性を高めることができますが、物理線を配線する必要がある点はISP経由の接続と変わりません。また専用線／WAN経由の接続の場合は、ISP経由のインターネット接続と比べて、回線費用が高価であることがほとんどです。このため、費用対効果を考えると、IoTでは利用しにくい接続方法と言えます。

　通信キャリア経由の接続は、デバイスからの直接接続で説明したのと同様に、セルラー通信を利用し

てクラウドに接続します。この接続方法では、通信キャリアまで無線を利用できるため、設置場所が自由になることと、配線の手間がない点が利点として挙げられます。自動車などの移動体でも、通信キャリア経由であればゲートウェイをクラウドに接続することができます。しかしながら、無線区間があるため、物理線接続と比べて通信が安定しない場合もあり、またLTEを用いたとしても通信速度は最大で数十Mbps程度のため、数百MByte～数Gbyteという大量のデータの送受信が必要なユースケースには不向きとなります。

通信キャリアから先の接続（インターネット／専用線／WAN）については、デバイスから直接接続するパターンと同じとなります。

❖ デバイス-クラウド間の通信方向

IoTのユースケースとしては、センサから受け取ったデータを、デバイスからクラウドに対してアップロードする通信、いわゆる「上り」の通信がよく用いられます。このユースケースはこれまでに説明したどの規格／接続方式でもサポートされており、上りの通信は問題なく行えます。

しかしながら、IoTのユースケースとしては、クラウド上で発生した何かしらのイベントをトリガーに、クラウドからデバイスに対して通信を行いデバイスを操作したり、デバイスに問題があった際に、クラウドからデバイスに直接ログインをするような「下り」の通信については考慮が必要です。

デバイスに対して下りの通信を行いたい場合は、次の2つの方法があります。

- デバイスからの上りの通信を行い、そのレスポンスとして、データを返す
- デバイスに対して直接アクセスできる宛先（IPアドレス）を持たせ、クラウドからアクセスする

前者の場合は、上りの通信のレスポンスとして通信を返すため、上りの通信ができてさえいれば、ネットワーク構成についてはあまり考える必要はありません。しかしながら、デバイスからの通信がこないとデータを送れないため、データが送れるタイミングはデバイスからの通信間隔（ポーリング間隔）に依存してしまいます。

ポーリング間隔を短くすれば、タイムラグを減らすことができますが、多くのデバイスから頻繁にポーリングが行われると、それを受けるクラウド側のリソースの準備も必要となりますし、無駄に通信を行うことにもなります。また利用できるプロトコルは限られており、例えばSSHのようなリモートログインのプロトコルなどはできませんし、デバイスの上り通信自体に問題が生じると、クラウド側から接続することができなくなってしまいます。

これに対して、デバイスへ直接できるようネットワークを構築する方法があります。この方法であれば、デバイスからのポーリングは必要ないため、ネットワークやクラウドのリソースを無駄に使わずに済みます。しかしながら、クラウドから直接接続できる宛先（IP

■図2-7：NATによりデバイスへのアクセスが行えないケース

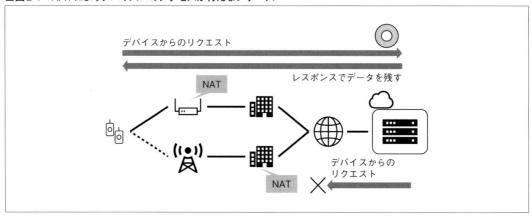

アドレス）が個々のデバイスに対して割り振られることは少なく、通常はゲートウェイや通信キャリアを通ってクラウドに接続すると、途中でNATが行われるため、クラウドからは直接デバイスにアクセスすることはできません（図2-7）。

もしクラウドからデバイスに直接接続したい場合は、何かしらの方法を使って、途中のNATを越す必要があります。NATとは、Network Address Transferの略で、有限個であるIPアドレスを効率良く使うための技術です。例えばデバイスからの通信がゲートウェイでNATされると、クラウドからはデバイスではなくゲートウェイが通信元として見えます。このため、逆にクラウドからデバイスに直接アクセスしようとしても、通信先が分からないためアクセスが行なえません。

NATを越してデバイスと通信する方法はいくつかありますが、例えばゲートウェイのポート番号ごとにデバイスを割り当てて、特定のポート宛に通信があった場合、例えばゲートウェイのグローバルIPアドレスが「54.250.252.1」だった場合に、「54.250.252.1:8000」はデバイスA、「54.250.252.1:8001」はデバイスBといったように割り当てて、ゲートウェイからフォワードする方法があります。

またセルラー通信を使ってデバイスが直接クラウドと接続している場合、通信キャリアのサービスによってはグローバルIPアドレスを振られるものもあるため、これを使ってクラウドからアクセスする方法があります。

閉域網を使う場合は、デバイスに振られたプライベートIPアドレスでクラウドに到達することができるケースもあるため、この場合は直接デバイスに通信することができます。

クラウド

クラウドはIoTシステムのバックエンドとして使われますが、クラウドと一口に言っても、非常に数多くのベンダーが提供しており、そのサービス内容もさまざまです。

例えば身近なところではAppleの提供するiCloudやDropbox、Gmail、Salesforceなどがあると思いますが、IoTで多く利用されているのは、第1章で紹介したAmazon Web Services（AWS）やMicrosoft Azure、Google Cloud Platform（GCP）といったメガクラウドベンダーです。

これらのメガクラウドは従来のコンピューティング環境とは異なり、

・初期費用が不要で、利用した分だけ支払う
・幅広いレイヤのサービスが揃っている
・APIを使って、各種機能を利用できる

という特徴を持っており、IoTシステム構築の際には非常に便利に使うことができます。データセンターやサーバ、ストレージなどのコンピュータリソースはクラウドベンダーがあらかじめ用意してくれており、またIoTシステムの部品として使いやすいサービスも各種揃えてあるため、非常にすばやくシステム構築を行えます。また処理能力やデータ容量の増加にも柔軟に対応できます。

このような特徴を活かしながら、クラウド上にIoTシステムを構築して行きますが、ここでは機能がクラウド上に必要なのかについて、簡単に説明します。IoTシステムを構築する際にクラウドに必要なものは、大きく分けて「ディスパッチ」「プロセッシング」「ストアリング」の3つの機能となります（図2-9）。

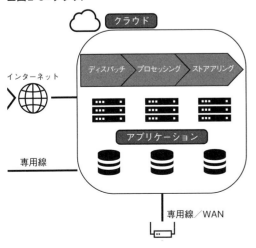

■図2-8：クラウド

ディスパッチ

　ディスパッチとは、デバイスとデータを送受信する機能と、それを適切にプロセッシングに振り分ける機能のことを指します。デバイスから来たデータは一旦ディスパッチ部分で受け取られ、データの内容やリクエストURLなどにより、適切な宛先に振り分けられます。

　ディスパッチの役割は、デバイスとのデータ送受信をスケーラブルに行うことと、適切にプロセッシングにデータを渡すにあるため、大量のデバイスからの接続要求があった場合はスケールアウトし、また必要であればデータのバッファリングを行い、デバイスからの通信を滞留させないようにします。

プロセッシング

　プロセッシングとは、デバイスからのデータを元に、何かしらの処理をする部分となります。例えば単純にデータを保存したり、異常値の検出を行ってアラートメールを送ったり、画像を解析して結果を返したりする処理部分で、IoTシステムで一番肝となる部分です。

　CPUを利用する処理がメインであるため、サーバを構築してプログラムを動作させるのが一般的ですが、近年では「サーバレスアーキテクチャ」と呼ばれる方式も用いられます。これはサーバ管理をクラウドベンダーに任せて、実行プログラムだけをクラウドに設定しておくことで、自動的に分散環境で処理が実行されるような方式です。詳細については第5章で解説しますが、プロセッシング部分もやはり処理量に応じてスケールアウトし、障害が発生しても復旧できるような形で実装することが必要です。

ストアリング

　ストアリングは、センサからのデータを直接保存したり、プロセッシング部分で処理されたデータを保存しておく部分です。この部分は非常にスケーラビリティが求められ、かつ安価であることが求められます。

　各クラウドベンダーは多くのストレージサービスを出しており、保存するデータの特性や量、データ活用時のデータ取得方法などにより決定する必要があります。例えばファイルを格納するだけのサービスもありますし、OracleやMySQLといった、いわゆるリレーショナルデータベースも提供されています。またNoSQLデータベースと呼ばれる、キー値とデータだけの単純なデータベースなども利用されます。

　ディスパッチ、プロセッシング、ストアリングをどう実装するかは、IoTシステムの求める要件や処理（プロセッシング）内容を考慮しながら、どのクラウド

■図2-9：ディスパッチ／プロセッシング／ストアリング

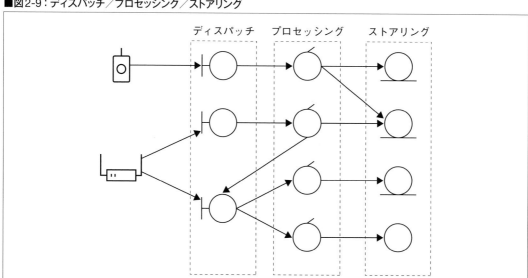

のどのサービスを利用すべきかというところを検討する必要があります。その際には、一からシステムを組むことは考えずに、まずはクラウドベンダーの提供するサービスがどのようなものがあるかを把握し、自分の構築したいIoTシステムにどのように適用できるかどうかを検討するべきでしょう。クラウドではシステム構成自体はAPIなどで容易に行えるため、ビジネスメリットをもたらすアプリケーションの部分にいかに注力できるアーキテクチャにするか、いかに運用が楽になるアーキテクチャにするかを試行錯誤しながら構築を行っていくのがポイントになります。

アプリケーション

IoTでビジネスすることを考えた場合、最も重要となるのが、クラウドの上で動作するアプリケーションです。構築するIoTシステムや収集するデータの内容により、この部分は大きく変わるところとなりますが、例えばIoTのアプリケーションには、次のような要素が含まれるケースが多くあります。

- モニタリング／可視化（Monitoring & Visualizing）
  - →データ可視化
  - →データ分析
  - →異常検知
  - →トラッキング
- 制御（Control）
  - →遠隔操作
  - →デバイス管理
  - →通知
- 自動化（Automated）
  - →予測分析
  - →予知保全
- 最適化（Optimized）
  - →自己診断
  - →性能向上
  - →ワークフロー
  - →コグニティブ
- 自律性（Autonomous）
  - →自律分散

  - →自己学習
  - →他システム間協調

例えば、安全でより高い生産性を実現するために、工場にIoTシステムを導入すると考えた場合、次のようなアプリケーションを実現できるでしょう。

- 製造装置から出る様々なデータ（例えば時間あたりの生産数やエラー率、装置の温度や電圧など）を集めデータ可視化を行い、製造装置ごとの稼働状況をで時系列で視認する
- データ分析によって、エラー率の高い装置や、温度や電圧などとの相関について調べる
- 通常とは異なるデータの異常検知をして、責任者に通知する
- 異常なデバイスに対して遠隔地から診断を行って、必要に応じてファームウェア更新やパラメータ変更などのデバイス管理を行う
- 作業者の行動をトラッキングして、作業場所や製造品目の最適化を行う
- 製造装置のメンテナンス時期を予測して、部品発注やメンテナンス作業予定をワークフローで管理する
- 複数の製造装置にまたがってシステムを制御、稼働させることで、製造ライン自体を自動化する

モニタリングやコントロールは、センサデバイスからのデータを元にアプリケーションを組めば実行することが可能ですが、最適化や自律化を行うためには、数多くのデータを元に、トライ＆エラーを繰り返す必要があります。

また、場合によっては、機械学習や画像認識など専門的な知識が必要となるケースもあります。しかしながらこの部分はまだまだ未開拓のエリアであり、各社がこぞって取り組んでいる部分です。アプリケーションのインフラとなるクラウドを提供しているベンダーも、この領域のサービスを次々に投入しています。例えばマイクロソフトは、Computer Vision APIというサービスを提供しています。APIを呼び出すだけで、画像の解析をして、何が写っているのかを判

Part1 基礎編

定したり、画像からテキストを読み取ったりすることができます。Google は TensorFlow という機械学習ライブラリを出しており、また AWS は「Amazon AI」と名付けた、いくつかの AI サービスの提供を始めています。

アプリケーションの詳細や、より詳しい内容については第6章で解説しますが、クラウドで提供されるコンピュータリソースやサービスを使うことで、従来では短時間に構築することが難しかったアプリケーションを、速いサイクルでトライ&エラーすることで構築する速度を上げたり、大量のコンピュータリソースが必要だったアプリケーションの実行も可能となっているため、クラウドベンダーの提供するサービスを把握して、IoT システムに適用していくことが重要になってきています。

セキュリティ

IoT システムにおいて、セキュリティは最も重要で、かつ最も難しい領域です。IoT デバイスはその数が膨大になっていくため、1つの脆弱性が発覚することで数多くの IoT デバイスが乗っ取られる可能性があり、そしてその IoT デバイスを使って大規模なサイバー攻撃が行われる可能性があります。

その反面、今日では IoT デバイスのセキュリティに対する認知は低く、Web システムのようなベストプラクティスが確立され、それがすべてのデバイスに実装されるにはまだこれから多くの壁があります。

日本においては、総務省と NICT によって「NOTICE (National Operation Towards IoT Clean Environment)」と呼ばれるプロジェクトが開始されています。このプロジェクトは、国内の IoT 機器に対して脆弱性チェックを行うもので、実際の IoT 機器に対してデフォルトのパスワードや脆弱なパスワード使用していないかを実際の IoT 機器にアクセスして、確認するものです。

またアメリカのカリフォルニア州では、IoT デバイスのメーカーに対して、不正アクセスに対する機能(例えばデバイス共通の初期パスワードを使用しないなど)を備えることを義務付ける法案[注4]が可決されています。

注4) URL https://leginfo.legislature.ca.gov/faces/billTextClient.

このような形で国や州が IoT システムのセキュリティについて対策を講じるという点を考えてみても、IoT システムのセキュリティが今後非常に重要になってくるいうことが言えると思います。

IoT システムでは、物理世界とデジタル世界の広範囲に渡って、システムが構築されます。このため、デバイス、ネットワーク、クラウド、アプリケーションの各セグメントに渡り、幅広く対策をする必要があります。

IoT システムのセキュリティ対策とは

例えばデバイスの認証について、考えてみましょう。IoT システムでは、セキュリティ対策として、不正なデバイスを接続できなくしたり、どのデバイスからの通信かを把握する必要があります。

人がスマートフォンで使う前提のシステムであれば、認証時に利用者が ID やパスワードを入力することができます。しかしながら、モノの場合はシステムログイン時に ID／パスワードを人が毎回入力するわけにはいきません。このため、あらかじめデバイスに認証情報を入れておく必要があります。

ではデバイスが盗まれてしまったらどうでしょうか? 仮に同じ ID／パスワードがすべてのデバイスに入っていた場合、別のデバイスも乗っ取られる可能性があるため、パスワードの変更などが必要かもしれません。この作業のため、デバイス1つひとつの設定を変更して回ることは大変労力が必要です。IoT システムの運用時の負荷も考えながら、設計の段階からセキュリティ対策を意識しておく必要が重要です。

今まではインターネットにつながっていなかったものが、これからどんどんつながっていきますが、いまはまだ IoT 黎明期であり、インターネットでは当たり前とされる対策が行われないままのデバイスも、インターネットに多くつながれています。実際に最近、IoT デバイスが乗っ取られて DDoS の踏み台にされた、という事件が増えています。例えばネットワークに繋がった数万台の監視カメラが乗っ取られ、攻撃対象の Web サイトに一斉にアクセスを行い、サイトをダウンさせる、というようなものです。

「試作品だし、乗っ取られても別にかまわない」

xhtml?bill_id=201720180SB327

24

Chapter2　IoTシステムの全体像

■図2-10：スマートハウスの脅威と対策の例

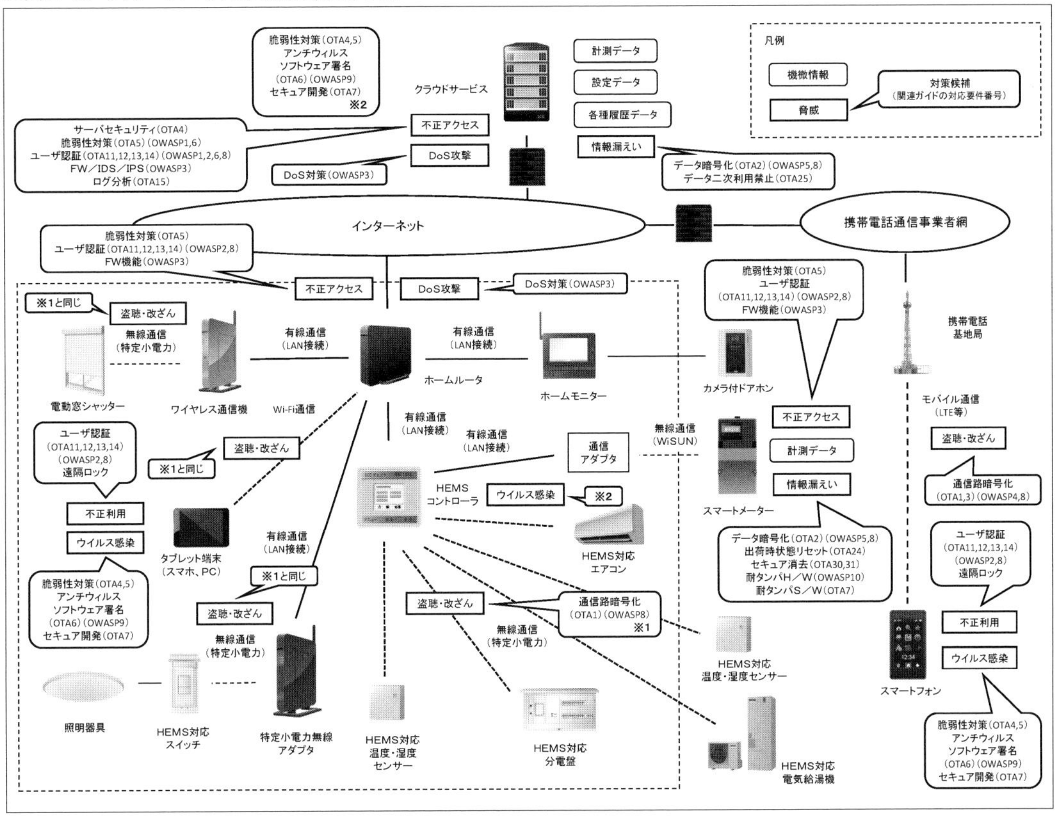

出典：IPA、「IoT開発におけるセキュリティ設計の手引き」 URL https://www.ipa.go.jp/files/000052459.pdf の「図5-3 スマートハウスの脅威と対策の検討例」

というような気持ちで、脆弱なパスワードを持ったデバイスをネットワークに接続すると、攻撃の踏み台にされてしまう可能性が十分にあります。またデバイスの監視をしなければ、踏み台にされていることすら気がつかない可能性があります。

セキュリティに関しては第7章で詳細に説明しますが、IoTシステムを見渡し、どの部分に脆弱性があるのか、どのような対策が取れるのか、どのように監視をするのか、また何かあったときの対応をどうするのかについて、技術者として知識を持っておく必要があります。

なお、IoTセキュリティについては、OWASPやOTA、GSMAといった団体や、日本でもIPAやCSAジャパンなどの団体が、IoTセキュリティについてのホワイトペーパーなどを出しています。

IPAでは、「IoT開発におけるセキュリティ設計の手引き」として、具体的なシステムとその脅威について解説したホワイトペーパーを出しています（図2-10）。OWASPやOTAのホワイトペーパーへのマッピングも入っており、理解しやすい内容になっています。

CSAジャパンのIoTワーキンググループでは、「IoTインシデントの影響評価に関する考察」としてデバイス数やサービス特性の点数付けで影響評価をするモデルなどを提唱しています（図2-11、図2-12）。IoTシステムのセキュリティ設計時の分析に利用することができるでしょう。

改訂新版　IoTエンジニア養成読本　**25**

Part1　基礎編

■図2-11：影響特性のレーダチャート

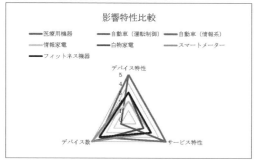

出典：一般社団法人日本クラウドセキュリティアライアンス IoTワーキンググループ「Internet of Things（IoT）インシデントの影響評価に関する考察」 URL http://www.cloudsecurityalliance.jp/newsite/wp-content/uploads/2016/05/IoT_incident_evaluation_V11.pdf の「図4 影響特性のレーダチャート」

まとめ

この章では、IoTシステムを俯瞰した形で、IoTシステムの全体像と、各セグメントの紹介を行いました。次章以降で、各セグメントについての詳細を解説していきます。

■図2-12：リスク分析と対策検討のステップ

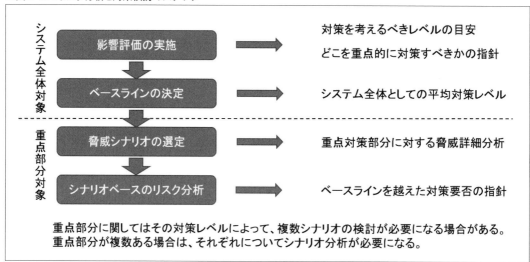

※出典：一般社団法人日本クラウドセキュリティアライアンス IoTワーキンググループ「Internet of Things（IoT）インシデントの影響評価に関する考察」 URL http://www.cloudsecurityalliance.jp/newsite/wp-content/uploads/2016/05/IoT_incident_evaluation_V11.pdf の「図5 リスク分析と対策検討のステップ」

Part2 技術要素編
IoTシステムの全体像をつかむ

Chapter 3
センサ&デバイス
電子部品の基礎から選定のポイント

IoTエンジニアとして、センサやアクチュエータなどのデバイスの知識は必須ですが、いわゆるクラウド系エンジニアにとって苦手な分野ではないでしょうか。そこで、本章では、クラウド系エンジニアを対象にやさしく説明します。

松下 享平 [URL]http://qiita.com/ma2shita [mail]ma2shita@soracom.jp
MATSUSHITA Kohei [GitHub]ma2shita [Twitter]@ma2shita

ソラコムのエバンジェリストとして、SORACOMおよびIoTを活用していただくための講演活動を行う。2000年にぷらっとホーム株式会社にてネットワークインフラやEC事業を担当し、2015年から同社でIoTソリューションをリード。2017年より現職で年間の登壇回数は140を超える。

はじめに
〜最初に確認しておきたいこと

　IoTはその仕組みの性質上、さまざまな技術要素が必要となります。そのため、IoTに携わるエンジニアの方の出自は、概ね2つのケースに分けられます（図3-1）。

　この章の目的は、それぞれのエンジニアが協力し合いIoTプロジェクトを成功させるために必要なデバイスに関する知識を、特にクラウド系エンジニアに学んでいただくことに主眼を置いています。そのため、デバイス系エンジニアにとっては当然の知識が多くなりますが、普段交わることが少ないクラウド系エンジニアの視点と、デバイスに期待される今後の役割を学ぶことで、デバイス系エンジニアにも新たな発見があると確信しています。

スマートフォンとの違い

　本書を読まれる方の中で一番身近な「デバイス」はスマートフォンではないでしょうか。

　スマートフォンにはすでにいくつものセンサが搭載されているうえに、モバイル通信機能やバッテリー駆動もするため、IoTのデバイスとして必要な機能を揃えている有用なデバイスです。そのため、iOSやAndroidの開発エンジニアの知見や経験が、IoTシステムでも活かされることが多いです。

　しかしながら、スマートフォンとIoTデバイスの大きな違いがあることも意識する必要があります。図3-2のように**人間が関与するかどうかが大きな違い**です。この違いを意識せず、スマートフォンアプリケーションを作る感覚でIoTデバイスのシステム設計をしてしまうと、センサやアクチュエータが人間の代わりに働いてくれるはずだったものが、人間が関与し続

■図3-1：IoTに携わるエンジニアの出自

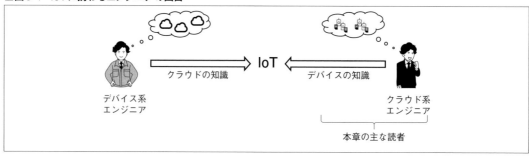

■図3-2：スマートフォンとIoTデバイスの共通点と違い

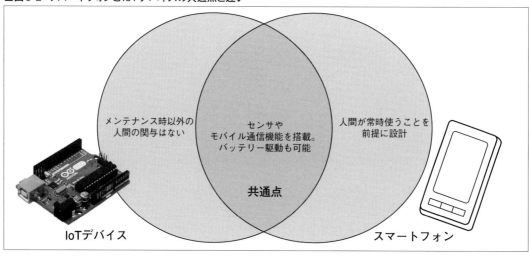

けなければ動かないシステムとなる、主従逆転の現象が起こってしまいます。例えばスマートフォンであれば、システムへのログインの際、人がIDやパスワードの入力を行うことができますが、IoTデバイスの場合はそうはいきません。この違いを理解しておくことは非常に重要です。

M2Mとの違い

センサやアクチュエータをネットワークによってつなげる試みは、第1章でも解説があったとおり、M2M（Machine-to-Machine）でも行われてきました。では、IoTはM2Mと何が違うのでしょうか？ それを紐解く鍵は**SoR**（Systems of Record；情報を正しく「記録」するためのシステム）と**SoE**（Systems of Engagement；ユーザや取引先との「絆」を作るためのシステム）という考え方[注1]にあります。

M2Mの例として挙げられるのはコマツ社の機械稼働管理システム（KOMTRAX）や無人ダンプトラック運行システム（AHS）、その他には高速道路のETC（Electronic Toll Collection System；電子料金収受システム）があります。機械の状態管理や制御、料金計算を行うシステムにおいては、収集データは欠落することなく管理されることが要求されます。まさにこういったシステムはSoRの典型例です。

IoTにおいては、例えばiBeaconを利用した「ちょこっと予約[注2]」や光センサを利用した「おかわりコースター[注3]」、乾電池を制御できるようにした「MaBeee[注4]」といった、品質もさることながら、それ以上に**ユーザに利用してもらえることに重点を置いて**いる、SoE的なプロダクトが多くなっています。

これらの例から見ても、IoTとM2Mとの違いは**データに対する品質**と**適用できるユースケースの数**が大きな違いになり、デバイスの選定基準にも大きく影響します。

クラウドとの比較

デバイスはクラウドに比較して、一度現場に置いてしまうと変更しづらいという性質を持っています。また配置するデバイスの数や場所も、コストに直結する重要な要素となります。

このようなことから、クラウドに比べるとスモールスタートで始めにくいのがデバイスの特徴です。M2M的なプロジェクトのように明確なビジネスゴールや要件定義が存在する場合は、専用の特注デバイスを作ることでコスト削減や運用負荷低減を行うことも可能です。しかしIoTのように走りながらビジネスモデルを作っていく場合は**汎用デバイスの組み合わせによるサービス実現**というのが現実的な解となります。

IoTプロジェクトを始める前に確認しておきたいこと

デバイスに対してどのようなスタンスで臨むのかということは、プロジェクトの成否を決めるほどの影響力があります。**図3-3**を理解したうえで、**プロジェクトの冒頭で関係者の同意を得ておく必要がある**と言えるでしょう。

またIoTシステムは複数の技術要素で構成されます。それぞれの技術要素をより深く理解することも大切ですが、加えて覚えておきたいことは、隣接する技術要素との関係性も考慮する必要があるということです。

例えば、デバイスをどのような方式でネットワークに接続するのか（直接つなぐのか、ゲートウェイを

■図3-3：スタンスの違いでデバイス選びに影響が出る

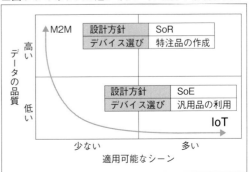

注1) Naoya Ito、「Systems of Record と Systems of Engagement」 URL https://speakerdeck.com/naoya/system-of-record-to-system-of-engagement

注2) 「tab、スマホで店舗の商品を取り置きできる「ちょこっと予約」を開始」 URL http://shopping-tribe.com/news/4123/

注3) おかわりコースター URL https://usable-iot.com/okawari/

注4) MaBeee（マビー） URL http://mabeee.mobi/

配置するのか)、そのうえでどのような通信プロトコルでデータをやりとりするのか、データはデバイス側でバッファリングする必要があるのか、それともクラウド側で行うのか、といった点です。IoTシステムにおける各技術要素との通信方法をあらかじめ整理しておくことで、各セグメントがそれぞれの役割や機能に集中できたり、機能を隣接する技術要素に移譲(オフロード)することで、開発コストを下げるといったことが可能になります。

注意すべきは他の技術要素に比べて、デバイスは改修に要する期間やコストが多くなる傾向にあるため、IoTシステムの検討段階や検証段階の早い時期に、デバイスに何が必要で何が必要でないかを確認しておく必要があります。

IoTエンジニアとして知っておきたいデバイスのあれこれ

「温度センサ」の怪

「温度センサ」を検索してみてください。ICチップや細長い棒のようなものが検索結果に出てくるばかりで、例えばBLE(Bluetooth Low Energy)対応の温度センサを見つけることが難しいことに気がつきます。これはなぜなのでしょうか? 実は**センサ**や**デバイス**といった単語の定義が、人によって違うことに起因します。

ここでは、IoTのプロジェクトを進めるにあたって、知っているようで知らなかった、デバイスについて解説します。

デバイスとは?

IoTにおけるデバイスとは、**センサやアクチュエータとゲートウェイ**といったハードウェアの総称で、それぞれの定義は図3-4のとおりです。

■図3-4:IoTデバイスの大別

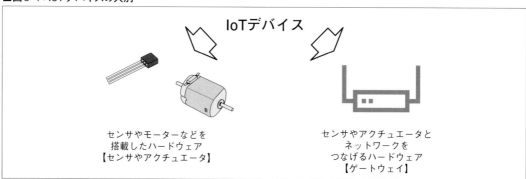

■図3-5:センサの内部構成

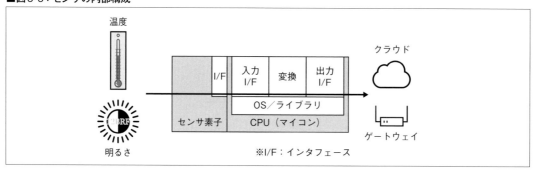

センサの構成

センサの基本的な内部構成を見てみましょう。コンポーネントとしては**センサ素子**と**CPU（マイコン）**がインタフェース（I/F）で接続されている構成になります。また、センサ素子からの信号をCPUで処理するために、I/F制御や信号変換を行うOSやライブラリが搭載されています（図3-5）。それぞれの各ブロックが通信し合い、処理を行うことでセンサからの信号をアプリケーションで利用できるようになります。

ここで紹介しているような、センサ素子とCPU（マイコン）が**一体になっているタイプ**のセンサの代表例はTexas Instruments社のSimpleLink Sensor Tag（CC2650STK）です（図3-6）。これは10種類のセンサ素子に加え、BLE（Bluetooth Low Energy）通信をするためCPUが1つの製品に収められています。

アクチュエータの構成

アクチュエータは、信号の入出力の方向が逆転し、センサ素子の部分がモーターなどの可動部品になるといった点以外は、基本的な構成要素はセンサと変わりません（図3-7）。

■図3-6：Texas Instruments社 SimpleLink SensorTag（CC2650STK）

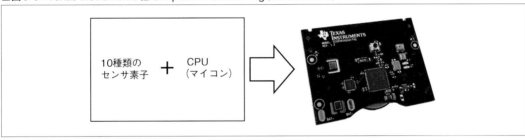

URL http://www.tij.co.jp/tool/jp/cc2650stk

■図3-7：アクチュエータの内部構成

■図3-8：センサ素子とCPU（マイコン）は別々に調達する

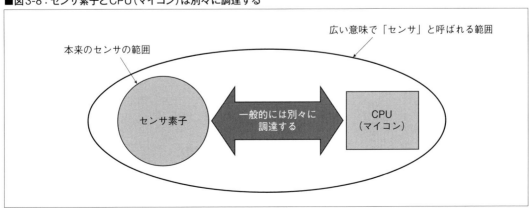

本来の「センサ」

前項のようにセンサ素子とCPU（マイコン）が一体化している製品は、実はむしろ少数なのです。

日常的にセンサを扱っている方々はセンサ素子のみを指してセンサと称しています（図3-8）。冒頭で紹介した「温度センサ」での検索結果によるICチップや細長い棒のようなものは、センサ素子だったのです。

デスクトップPCを購入する際に本体（＝CPU）とモニタ（＝センサ素子）を別々に調達することを思い出していただければ、わかりやすいのではないでしょうか。

ArduinoやRaspberry Piの位置づけとゲートウェイ

IoTのプロトタイプでよく使われるArduinoやRaspberry Piは、CPU（マイコン）に相当します（図3-9）。

❖各プロダクトの方向性

CPU（マイコン）の方向性は、I/F（インタフェース）の多彩さと変換や処理性能、汎用性の高さという2つの軸でとらえることができます（図3-10）。

Arduinoはシールドという拡張ボードで入出力インタフェースを増やしていくことが容易です。一方、Raspberry PiはOSにRaspbianやPidoraといったLinuxディストリビューションを使うことができ、Linux上で動くライブラリやツールの再利用の他、生産性の高い開発環境を利用することができるという特徴を持っています。

❖「ゲートウェイ」とは？

ゲートウェイとは、主にネットワークとの接続性（コネクティビティ）を提供することを主たる目的としたハードウェアです（図3-11）。そのため、CPU（マイコン）に比べて次のような特徴があります。

・インターネットとの通信を特に意識したハードウェアやミドルウェアを装備（例：Wi-Fiや3G/LTE通信モデムやSIMスロット）
・CPU（マイコン）では手に余るような変換などの処理をこなすCPUパワーやメモリ空間（例：通信料削減のための圧縮処理、セキュリティのための暗号化処理）

センサデータへの「価値」の付与

センサ素子から出力される信号はデジタル変換しても数ビットと微々たるものです。このデータを有用なものに育て上げるためには、集約と価値の付与という考え方が必要です。

集約することでより正確な現状把握と予測の精度が上がっていくということは、例えばビッグデータや機械学習というキーワードとして知られるところで

■図3-9：ArduinoやRaspberryPiはCPU（マイコン）

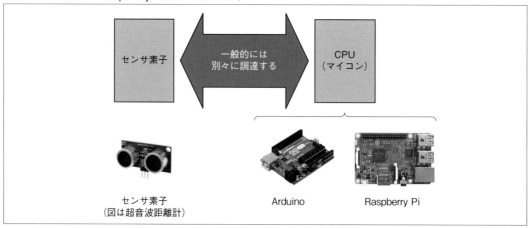

あり、その有用性は理解され始めています。一方の「価値の付与」は大きく分けて2つあり、それぞれ図3-12のようなものがあります。

❖ だれがどこで付与するのか

どのデバイス、どのタイミングで価値となるデータを付与するのかということが、IoTシステムの設計の勘所の1つとなります。

図3-13のように、マイコンにはセンサからの信号をバイト列といったデジタル変換までとし、ゲートウェイでデータ形式の変換とメタ情報の付与を行うというのも設計の1つです。

重要なことは、デバイスの能力や数を考慮して設計することにあります。例えば、タイムスタンプの付与を行うケースを考えてみましょう。タイムスタンプの付与と一口で言っても、出力する日付フォーマットやタイムゾーンの設定に加え、システムクロックの同期方法や電源OFF時におけるクロックの保持方法と、考慮すべき点は少なくありません（図3-14）。

■図3-10：CPU（マイコン）の方向性マトリックス

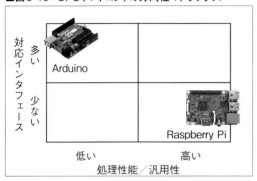

■図3-11：ゲートウェイの位置づけ

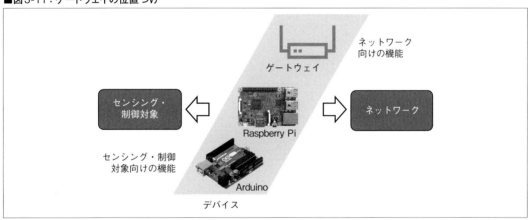

■図3-12：センサデータへの価値の付与

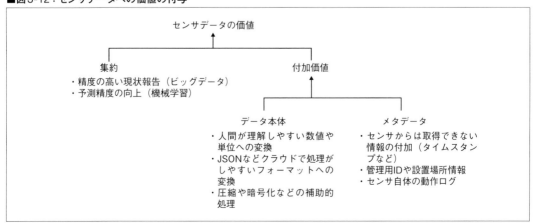

Part2　技術要素編　IoTシステムの全体像をつかむ

■図3-13：価値の付与をどこで行うのか？

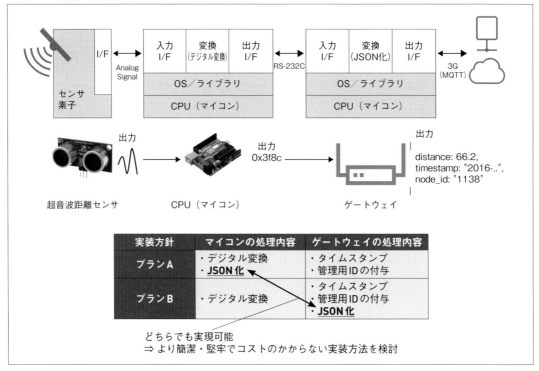

■図3-14：実装を行う場所

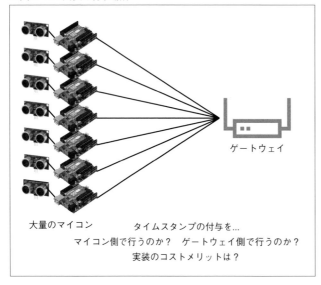

❖データフォーマットをどうするのか

データをどのようなフォーマットにするのか、という点についても考慮が必要です。例えばセンサ素子のデータをそのまま送れば、デバイス側でのデータ変換処理は不要となります。しかしながら、タイムスタンプを付与する場合は、送信するデータのどの部分がセンサデータなのか、どの部分がタイムスタンプなのかを明確にする必要があります。

仮に、送信するデータのうち先頭3文字をセンサデータの値、残りの数値をタイムスタンプとして送信するというように、固定長のデータを使うと決めた場合、センサ側の実装はそれほど多く行う必要はありません。ですがセンサデータの桁数が変わったり、追加のデータを送る必要が出てくると、データ送受信を行う双方で、同時にデータ形式の変換部分の修正を行う必要が出てきます。

CSVなどの区切り文字を用いた場合、固定長よりもデータのパース（分割）は容易ですが、固定長と同じく、データのどの区切りの中にどのデータが入っているを知っている必要があります。また最近多く利用される**JSON**（JavaScript Object Notation）

をフォーマットとして利用する場合は、データフォーマットが標準的に決まっており、パースのためのライブラリも多くあるため、受け取り側は容易にデータを取り出すことができます。またデータごとにラベルをつけることができるため、データ項目が増えても受け取り側はそれを意識せずにデータを取り出すことができます。しかしながら、データ量自体が増えてしまうことと、デバイス側でJSONデータフォーマットにするための実装が必要となるため、JSONを利用するにしても、どこでJSON形式にするのかという点について、検討する必要があります（リスト3-1）。

例えばマイコンからゲートウェイまではCSV形式でデータを送って、ゲートウェイでまとめてJSON化して送る、というようなこともできますし、通信量を極力減らすために、ゲートウェイからは固定長でデータを送り、クラウド側でJSON化するということも考えられます。

❖クラウドに処理を移譲するケース

従来のハードウェアでは「すべての機能や処理をハードウェア上に実装する」のが当たり前でした。一方で、通信の活用を前提としたクラウドありきの製品も登場しています。

その一例が、2018年に発売となった「SORACOM LTE-M Button powered by AWS」（図3-15）です。ハードウェアの機能はボタンと通信（LTE-M）のみが実装されています。そして、ボタン押下に対応する挙動はすべてクラウドで実装、すなわち機能を移譲する仕組みです。

クラウドへ機能を移譲することで、ボタンに対応した機能を分離できるようになりました。これにより、機能向上したり、または差し替えることもハードウェア交換をすることなく可能となるため、ハードウェアの実装コストやリリースまでの時間を削減が可能と

なります。また、結果的にハードウェアの製品寿命を延ばすことも可能となります。

❖ゲートウェイを不要とするケース

例えば車の中といった、電源やスペースといった環境の関係からゲートウェイを設置する余裕がないケースもあります。この場合はCPU（マイコン）に通信機能を兼任させることを検討します。

例としては、M2Mとの違いで紹介したKOMTRAXがこのケースに該当します。利点はゲートウェイ分のコストや設置の手間が削減できるほか、通信量などの予測がつきやすいといった面がある一方で、通信回線の共用はできないのが普通であることから、コストや設備の無駄が発生するといったことに加え、センサ素子部を後から増やすことが極めて難しく、ビジネス的にも慎重にデバイス選定を強いられることになります。

これらのメリット／デメリットを理解したうえで、ゲートウェイの有無を考慮する必要があります。

IoTデバイス デザインパターン

IoTデバイスを取り扱う場合は、本節でも紹介したとおり次のようなことを意識していくことが必要です。

■図3-15：SORACOM LTE-M Button powered by AWS

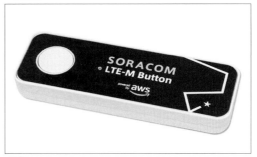

URL https://soracom.jp/products/gadgets/aws_button/

■リスト3-1：データフォーマットの例

```
・固定長の例
  31020170102102030
・カンマ区切り（CSV）の例
  31.0,20170102,102030
・JSONの例
  {"temperature":31.0 , "dateTime":"2017-01-02T10:20:30Z" }
```

Part2　技術要素編　IoTシステムの全体像をつかむ

- 「デバイス」や「センサ」と称しているモノを特定するための会話を合わせること
- 付与する価値とアプリケーション間でユースケースを決めておくこと
- デバイスの数とコスト意識すること

デバイス選定ガイド

選定基準

　デバイスの選定基準には、7つの項目があります。すべてをチェックするのは手間になりますが、デバイスを扱ううえでは無視できないものばかりです。

1. 検出範囲、分解能、精度
2. マイコンの有無とデータ取得方法
3. データサイズと伝送速度
4. 電源と消費電力
5. 設置場所と伝送距離
6. 法規制
7. 費用

検出範囲、分解能、精度

　センサやアクチュエータを選定する際に、まず確認しておきたいのが検出範囲／分解能／精度の3項目です。

- 検出範囲
  測定範囲やレンジともいう。センサで検出もしくは計測可能な範囲を表す。-30℃～+60℃や-40℃～+125℃という表記となる

- 分解能
  解像度ともいう。最小目盛りのこと。0.1℃とある場合は0.1℃毎に計測できる。0.04℃毎といった10進数でない場合もある

- 精度
  本当の数値からどの程度誤差がありえるかを表す。±0.2℃ とある場合は本当の数値に比較して 最大で上下0.2℃程誤差があり得るという意味となる

　図3-16はセンサ仕様書の例です。これらがビジネスの目的に合致しているかを調べることが、まず最初の関門となります。

　特に精度においては、必要な値が相対的なもの、例えば「普段より明るい」といった程度の話であればセンサの値をそのまま利用しても問題になることは少ないのですが、絶対値が重要になる場合は校正用機器を準備しておくと安心です。例えば温度計、照度計です。

マイコンの有無とデータ取得方法

　前述のとおり、センサ素子とマイコンは別々であることがほとんどです。そのため、センサやアクチュエータを動作させるためのマイコンの有無を確認することを忘れてはなりません。

　マイコンが付いている場合はRS-232CやBLEといったインタフェースが提供されていることが多いため、Linuxなどの汎用OSからでも制御しやすい可能性があります。逆にマイコンがない場合、もしくは存在していたとしても低機能なものしかない場合は、I2C (Inter-Integrated Circuit) や SPI (Serial

■図3-16：センサ仕様書の例

温度精度	±0.5℃@-40℃～ +105℃（動作電圧2.7V ～ 3.6V時） ±0.4℃@-40℃～ +105℃（動作電圧3.0V時）
温度分解能	0.0078℃(16 ビット設定時) / 0.0625℃(13 ビット設定時) ※0℃を基準とした＋／－符号ビットを含む
測定温度範囲	-55℃～ +150℃
インターフェイス	I2C、SPI
基板サイズ	15mm x 10mm

※上記仕様は架空のものです

Peripheral Interface) といったシリアル型の通信や、電圧出力やリレー接点といった電気的な信号を読み取る必要があり、それに対応したインタフェースを搭載したマイコンを用意する必要があります。

I2CやSPIにおいてはLinuxでもKernelドライバが存在しており、I2Cであれば「linux/i2c-dev.h[注5]」を利用してC言語での開発を行うことが可能な他、「i2c-tools」といったCLIコマンドでも読み書きが可能です(**図3-17**)。SPIは「linux/spi/spidev.h[注6]」を使用してI2C同様の開発となります。

電気的信号の読み取りについては、GPIO (General Purpose Input/Output;汎用I/Oポート) を利用することになります。Linuxからは「sysfs」を利用することで制御が可能です。sysfsとは /sysにマウントされるデバイスドライバを制御するための仮想のファイルシステムで、GPIOもsysfsにマッピング[注7]されます(**図3-18**)。

Raspberry Pi向けLinux OS「Raspbian」では、GPIO操作用のPythonライブラリ「RPi.GPIO」やシェルから使える「gpio」が準備されているので、より容易に利用が可能です。

注5) **URL** https://www.kernel.org/doc/Documentation/i2c/dev-interface

注6) **URL** https://www.kernel.org/doc/Documentation/spi/spidev

注7) **URL** https://www.kernel.org/doc/Documentation/gpio/sysfs.txt

マイコンとの物理的そして電気的な接続も知識や技能として必要となるため、マイコンの有無やインタフェースによって開発に必要な技術やコストが大幅に変わります。特に後から発覚した場合はビジネス設計にも大きく影響しますので、必ず確認しましょう。

データサイズと伝送速度

センサから出力されるデータは数ビットであることがほとんどです。ですが、例えば1秒間に10回という頻度でデータを取得すれば、データ件数は1日で86万4,000もの数になり、数ビットだったはずのデータが膨大になります。また、センサ自体の数もデータサイズ増加の要因になるため、無視できません。

これらの掛け算によってストレージのサイズはもちろん、通信回線の速度やコストにも影響を与えるため、早い段階で精度の高い見積もりをしておくことが重要です。

> データサイズ ＝ センサ1つあたりが出力するデータサイズ × データ取得頻度 × センサ数

ゲートウェイを利用したデータの圧縮や集計による通信量の削減を検討するのも、この段階で行います。

また、運用開始後もモニタリングできる仕組みを

■図3-17：i2c-toolsを利用してデバイスから値を読み込む例

```
$ sudo /usr/sbin/i2cdetect -y 1     ※接続されているI2Cデバイスのアドレスを確認している
     0  1  2  3  4  5  6  7  8  9  a  b  c  d  e  f
00:          -- -- -- -- -- -- -- -- -- -- -- -- --
10: -- -- -- -- -- -- -- -- -- -- -- -- -- -- -- --
20: -- -- -- -- -- -- -- -- -- -- -- -- -- -- -- --
30: -- -- -- -- -- -- -- -- -- -- -- -- -- -- -- --
40: -- -- -- -- -- -- -- -- -- -- -- -- -- -- -- --
50: -- -- -- -- -- -- -- -- -- -- -- -- -- -- -- --
60: -- -- -- -- -- -- -- -- -- -- -- -- -- -- -- --
70: -- -- -- -- -- -- 76 --
$ sudo /usr/sbin/i2cget -y 1 0x76 0xFA b    ※アドレスを指定してデータを取得している
0x11    ※実際はセンサのデータシートを基にこの値を変換して実際のデータとする
```

■図3-18：sysfs上でGPIOのポートを操作する例

```
$ echo 28 > /sys/class/gpio/export     ※GPIO 28番ポートを使用するという宣言
$ echo in > /sys/class/gpio28/direction     ※GPIO 28番ポートをホスト(=PC)からの読み込みに使用するという宣言
$ cat /sys/class/gpio28/value     ※GPIO 28ポートの値を読み込む
1     ※実際はセンサのデータシートを基にこの値を変換して実際のデータとする
```

用意しておき、見積と実測の違いを把握して、継続的なシステム最適化に役立てることも初期段階から検討すべき内容となります。

電源と消費電力

　電源の供給方法と消費電力は、特にデバイス運用の手間に影響します。電源は有線か電池が主な選択肢です。有線であれば後述する設置場所への制約となります。電池の場合は交換運用の設計が必要です。最近では太陽光やボタンを押したときの物理的な動作を電力に変換するすることでバッテリーレスを実現している製品も存在します注8。

　一方、消費電力は主に**データ取得頻度と反比例**の関係にあります（**図3-19**）。つまり、取得頻度が低ければ消費電力は少なくて済みますし、頻度を高くすれば消費電力も増えるわけです。とくに電池運用の場合は**温度などの動作環境によっても残量が変化する**ため、実際の現場で試してみることも大切なことになります。また、運用の手間を軽減するためにも、電池残量自体もセンサデータとして取得できるのが望ましいでしょう。

　これらを総合的に、あるいは実際に試したうえで評価し、現実的な運用設計に落としこむ必要があります。

設置場所と伝送距離

　設置場所はIoTプロジェクトの中でも特に見通しがつきにくいものになります。なぜならば、技術以外にも景観や運用の他、既存施設の借用や変更といった課題が関係してくるため、エンジニアだけでは解決できないことが多く存在します。そのため、設置のイメージを早い段階で作成し、関係者で同意を得ておく必要があります。

＜同意を得ておく先の例＞

・景観
　マーケティング担当、店舗設営担当
・設置／運用／設備借用
　店舗設営担当、現場従業員、テナントオーナー

　データ伝送に使用する技術も、設置場所に大きく影響します。特に無線を利用する場合はデータ欠損が発生することを前提としたうえでのシステム設計が必須となるでしょう。具体的にはデバイスの冗長化による欠損率低下といった現場での対策の他、アプリケーション側において欠損データを補完／推測するようなアプローチを設計に入れることになります（**表3-1**）。

法規制

　法規制は主に「製品に対して係るもの」と「事業

注8）代表的なものは「EnOcean」です。

■表3-1：伝送に使用する技術の分類と考慮事項の例

カテゴリ	技術	考慮事項（例）
有線	RS-232C/485	配線
無線	Bluetooth Low Energy	他の2.4GHz帯通信との混線
	Wi-Fi	IP割り当て設定
	920MHz帯	通信速度

※無線においては特にデータ欠損も考慮事項に含める

■図3-19：デバイスの稼働時間とデータ取得頻度の関係性

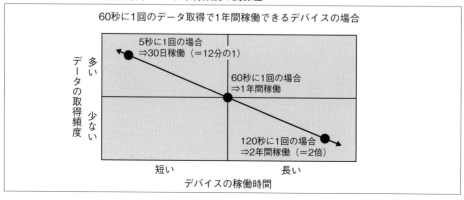

者に対して係るもの」の2つとなります。

・製品に対して係るもの
　→電波法 URL http://www.tele.soumu.go.jp/j/sys/equ/tech/
　→電気用品安全法 URL http://www.meti.go.jp/policy/consumer/seian/denan/
　→RoHS指令（有害物質使用制限指令） URL https://www.jetro.go.jp/world/qa/0 4J-100602.html
・事業者に対して係るもの
　→電気通信事業法 URL http://www.soumu.go.jp/menu_hourei/d_shinjigyou.html

電波法は「海外の面白い製品が日本で使えない！」として話題となる**技適マーク**（正式名：技術基準適合証明等のマーク）を管理する法律で、電波を利用する製品では確認が必須です。電気用品安全法やRoHS指令は、主に新たにデバイスを作る際に参照／順守する必要のある法律になります。

また、営む事業によっては届出や認可の必要もあります。例えばモバイル通信を利用する場合は電気通信事業法を、取り扱うデータに個人情報が含まれていれば個人情報の保護に関する法律（通称：個人情報保護法）を確認する必要があります。そして、データの公開についても考慮する必要があります。例えば気象観測データを取り扱う場合は気象業務法（URL http://www.jma.go.jp/jma/kishou/shinsei/kentei/）といった形で公開するデータが関連しそうな法規制を確認しておく必要があります。

日本国外に展開するケースにおいても法規制の確認は必須です。上記のような製品や事業者に係る法律だけでなく、輸出入に係る法律も存在します。

これらはすべて自力で賄いきれることではないため、**法律の専門家に相談する**ことです。相談のポイントとしては、技術面のみならずデバイスの製造から流通経路、そしてどのような利用形態を想定しているのかをある程度明確にしたうえで相談すると、明快な回答が得られるでしょう。

また、国際化や競争力強化を目的として規制緩和がなされるケースも多くなりました注9。それにより可能になることも増えることになるため、運用の開始時点だけでなく継続的な調査を行い、できるようになったことやダメになったことを把握しておくことも大切です。

注9） URL http://www.soumu.go.jp/menu_news/s-news/01kiban02_02000182.html

■図3-20：構成で変化する費用

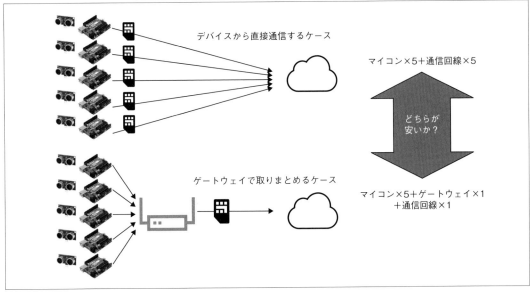

費用

これまで6つの選定基準を紹介しました。最後はこれらの選定基準を元に費用を算出して、商売として成り立つかをチェックする必要があります（図3-20）。特にデバイスはデバイスの個数やシステム構成によって費用が大幅に変わってきます。これら以外にもデバイスで費用が膨らむケースがあります。

要件にマッチするデバイスがない

要件に完璧にマッチするデバイスがない、もしくは存在はするが高価というケースは比較的多く存在します。この場合は既存のセンサ素子を利用して新たなデバイスを開発するという選択肢がありますが、コストが極めて大きくなります。また、デバイスの新規開発によって、本来のIoTで実現したかった目的を見失うといったことも少なくありません。

M2Mとの違いでも紹介しましたが、プロジェクトの性格や目的を元に、本当に新規開発が必要なのかを冷静に検討しましょう。そして、要件にマッチするデバイスはないが、デバイスの新規開発もできないケースにこそ、IoTシステムの提案力が必要とされます。アイデアの例を紹介します。

❖アイデアの例（その1）

- 方針
  センサの組み合わせ
- 目的
  とある部屋の中の在席状況を確認したい
- 課題
  人感センサが高価
- アプローチ
  ほぼすべてのケースで部屋の中に入ったら電灯をONにするという特性が判明
- 解決策
  照度センサを利用し、一定の照度を超えた＝電灯がON≒在席しているとみなすことにした
- 結果
  みなし判定のため精度が低かったが、1部屋に2

個配置しクラウド側で解析することで精度が向上。コストは20分の1以下

❖アイデアの例（その2）

- 方針
  発想の転換
- 目的
  半透明容器内の物品在庫が一定量に減少したら通知を出したい
- 課題
  本目的にマッチするセンサが皆無
- アプローチ
  在庫が減少すると容器越しに壁が見えるという特性が判明
- 解決策
  容器の反対側の壁にQRコードを印字した紙を貼り付け、容器越しにWebカメラでQRコードを一定期間毎に撮影しクラウドへアップロード。クラウド側で画像のQRコードの認識ができれば残量が一定量以下になったとみなすことにした
- 結果
  残数量といった精度の高さは期待できないが、QRコードの位置の調整のみで目的を達成。コストは新規開発の100分の1以下

これらはほんの一例ですが、得られる知見は次のとおりです。

- 現場での観察力
- 目的と精度のトレードオフの見極め
- センサとクラウドの組み合わせ提案力

本当に必要だったのは何なのかを見失わないようにしましょう。

見た目の価格と実装量の関係

IoTの盛り上がりに伴い、安価なデバイスも市場に出回るようになりました。これらを利用すれば、よりリーズナブルなシステム構築を実現できそうに思われますが、果たしてそうでしょうか。デバイスとデバイスメーカーがやってくれることと、自分たちがやらなければならないことは、仕様書のみでは判別す

■図3-21：見た目の価格と実装量の関係

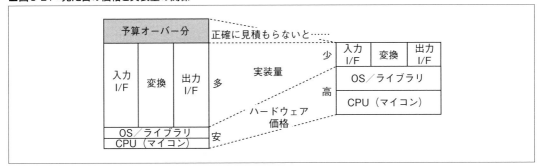

ることは困難です（図3-21）。必要であればデバイスメーカーと協力してプロジェクト推進をしていきましょう。

デバイスのこれから

ここまでは現在のおけるIoTデバイスについて説明してきました。最後に今後IoTデバイスはどのようになっていくのか、3つのキーワードを元に紐解いていきます。

APIファースト／クラウドファースト

現在のデバイスは特にクラウド系技術者には扱いづらいことが多いです。例えばセンサ素子のI2Cインタフェースから得られたデータをビット操作や四則演算をすることで利用可能な値に変換したり、モーターの回転数の制御するために入力電圧を計算する必要があるといった、ビジネス上においてはまったく本質的ではないことにリソースを割くことになります。

一方でスマートフォンがIoTプロジェクトで利用される理由の1つに**センサ制御のAPI化**が挙げられます。スマートフォン上のOSとその開発環境やSDKによって提供されているAPIを利用することで、ビット演算や入力電圧と回転数変換といったことを意識することなく「湿度：0.55」や「回転数（rpm）：45」といった制御が可能になるため、開発コストを抑えることができます。

例えばPhilips社の照明システム「hue[注10]」は、HTTP RESTで電球のステータスを取得やON/OFF、色の変更といった制御ができるデバイスです。

また、本章で紹介した「SORACOM LTE-M Button powered by AWS」のように、クラウドの存在を前提とした「**クラウドファースト**」なデバイス設計もこれからは必須となります。どの機能をデバイスに、そしてクラウドで実現するのかを精査することで、デバイスを構成する部品点数の削減が可能になります。これにより、デバイスの価格を抑えることはもちろん、省電力や堅牢性や、製品寿命に貢献することになります。

安価かつ開発のしやすい**クラウドファースト**なデバイスの登場が、IoTビジネスを広げていく原動力となるでしょう。

ナローバンド／オフラインファースト

IoTがさまざまなシーンで適用できるようになるためには、狭帯域による通信や、そもそもコネクティビティが提供されないもしくは不安定な場合でも動き続ける仕組みが必須です。

狭帯域通信については、第4章で紹介するNB-IoT（Narrow Band IoT）やLPWA（Low Power Wide Area Network）といった技術の採用が考えられますが、設置環境によってはクラウドとの接続ができない場合や、応答速度の要件からクラウドとの通信を待ってられないケースもありえます。そのため、それらを設計の中に盛り込む必要があります。いわゆる**オフラインファースト**です。

かつてのインターネットもナローバンド／オフラインファーストであり、PPP、UUCPといった技術で課題解決をしてきました。過去の知見や仕組みを再利用できれば、堅牢かつ低コストなナローバンド／オフ

注10) URL http://www2.meethue.com/ja-jp/

ラインファーストの仕組みを作ることができるでしょう。

エッジコンピューティング

デバイスの機能は今後、単機能もしくは高性能の二極化に進むでしょう。

単機能においてはシンプルな実装によって、特に価格と数の追求が行えるデバイスとなり、IoTの利用シーンを広げると考えられます。

一方の高性能化は、具体的には高速なCPUや大きなメモリ空間を搭載するといった形を志向し、図3-22のようなことを実現します。

- 高度な処理
  データ内容に応じたシンプルな条件分岐だけでなく、学習済みの機械学習モデルの実行やそれらの結果を承けてさらなる加工や処理も行われる
- 応答速度
  一度クラウドとの通信が発生すると数ミリ秒レベルで遅延が発生する。これは根本的にクラウドとの通信をせずに処理を行うことで実現
- トラフィック制御
  収集データの圧縮や内容による取捨選択、一定期間における集計といった処理によって、クラウドとのデータ通信量の削減を実現

これらを満たすものがエッジコンピューティングを実現するデバイスと位置づけられ、主にゲートウェイで実現されるでしょう。

これらは何も競合する概念ではなく、むしろシンプルなデバイスを安価かつ大量に使用し、現場で発生した膨大なデータをゲートウェイでエッジコンピューティングするといった双方の補完関係になり、今後のIoTシステムのデザインパターンにも大きな影響を与えるでしょう。

まとめ

これまでで人々の生活を変えた革新的なデバイスといえばPCやスマートフォンでしょう。IoTはそれらとは異なる未知なるフロンティアであり、これからデバイスがどのような進化をしていくのか、まったくもって予測がつきません。そのような中において、今後10年経っても必要とされるであろう考え方や技術を紹介しました。

IT系エンジニアとして生きていく限り、もはやインターネット関連技術との関わりを断つことは不可能に近いでしょう。それはIoTにも関わらざるを得なくなることを意味します。これは**センサ屋はセンサのことだけを、逆にクラウド屋はクラウドのことだけを考えていればよいという時代の終わり**でもあります。

技術の新旧や守備範囲にこだわることなく、実現したいことに向かって技術を適合させる能力に加え、費用対効果を考慮したシステム構築力がエンジニアとして重要な能力になることは疑いようはありません。そのような方々に本章が少しでもお役に立てたらと考えております。

参考文献

1.『眼の誕生――カンブリア紀大進化の謎を解く』、アンドリュー・パーカー 著、渡辺政隆、今西康子 訳、草思社（2016年）、P.384

2.『未来に先回りする思考法』、佐藤航陽 著、ディスカヴァー・トゥエンティワン（2015年）、P.254

3.『〈インターネット〉の次に来るもの 未来を決める12の法則』、ケヴィン・ケリー 著、服部桂 訳、NHK出版（2016年）、P.403

■図3-22：エッジコンピューティングが実現する機能

```
【高度な処理】
・データの内容を加味したうえでの条件分岐
・学習済み機械学習のモデルの実行
・クラウドからの複雑な指示の実行
・これらの結果をうけて、さらなる加工や処理
```

```
【応答速度向上】
・クラウドとの通信を
  行わずローカルで結
  果を出す
・ユーザ体験の向上、
  緊急措置の実行など
```

```
【トラフィック制御】
・データの圧縮や内容の
  最適化を実施
・データ通信量の削減
```

Part2 技術要素編
IoTシステムの全体像をつかむ

Chapter 4
ネットワーク

IoTに最適な通信規格とは

前章まででIoTにおけるシステム全体、デバイス周りについての説明しました。本章ではIoTで利用される、各種無線ネットワークシステムについて解説します。

大槻 健
OTSUKI Ken
[mail] otsuki@soracom.jp
[GitHub] ckennyo2

株式会社ソラコムにてSIMカードの開発、セルラー向けコアシステムの設計、およびLoRaWANを始めとする新規無線通信技術の事業・技術開発を担当。前職は大手通信キャリアにて各種デバイス、SIMカードの仕様策定・開発に従事。毎日SIM焼いてます。

はじめに

現在では通信距離や通信速度、周波数帯などにより他種多様な方式が存在しているので、本章ではIoTで利用される代表的なものを次のように分類して、その代表的な規格について紹介していきます。

- PAN（Personal Area Network）
  BLE、Zigbee
- セルラー
  3G、LTE
- アンライセンス系LPWA（Low Power, Wide Area）
  LoRaWAN、SigFox
- ライセンス系LPWA
  LTE Cat.M1、NB-IoT

図4-1は、各カテゴリを消費電力、通信距離および通信速度でまとめたものです。なお、Wireless LANであるWi-FiもIoTの無線通信として多く利用されていますが、多くの読者が特徴や技術について既知であると想定されるため、本章では詳細な説明は割愛します。

無線PAN

ここでは、比較的狭域での通信に適した無線PANの代表格であるBLE、Zigbeeについて解説します（表4-1）。いずれもIEEE 802.15x系で仕様策定されている通信方式です。

BLE（Bluetooth Low Energy）

Bluetoothは、PCのマウスやキーボード、カーナビ、最近ではスマートフォンのワイヤレスヘッドホンなどの周辺機器に使われている一般的にも馴染み深い技術です。Bluetooth SIG（Special Interest Group）にて仕様策定され、IEEE 802.15.1として規格化された無線通信規格の1つで、2.4GHz（ISMバンド）の周波数帯を使い、最大1Mbps程度（実効速度は数十kbps）、10メートル程の範囲での無線通信を実現します。

BLEはBluetoothの拡張仕様の1つで、2010年7月リリースのBluetooth 4.0にて仕様策定されました[注1]。「クラシック」と呼ばれることの多い従来のBluetoothと比べて、低コストなモジュール、シンプルなプロトコル、省電力を実現しており、特に消費電力については従来のBluetoothクラシックが数10～100mAであったのと比べて約1/3程度（～30mA）の消費電力となるため、ウェアラブルなどのモバイルデバイス、IoTなどの省電力が求められるシーンでのユースケースが想定されています。AppleのiBeaconや各種ウェアラブルデバイス、IoT系のガジェットは昨今の具体的なBLE活用例です。

また、従来のBluetoothがデバイス検索に最大数秒の時間を要していたのに対し、BLEでは100msec以下、同時接続数も従来の7台から無制限になったのも大きな変更点です。これによりIoTのように多くのセンサノードを同時接続させ、少量のデータを一定頻度で通信するようなシーンでも活

注1) 2019年4月現在の最新版はBluetooth 5.0。

■図4-1：各種通信システム相関

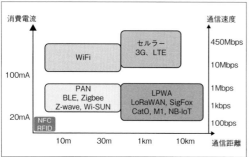

■表4-1：BLE vs Zigbee

項目	BLE	Zigbee
標準化	Bluetooth SIG IEEE 802.15.1	Zigbee Alliance IEEE 802.15.4
周波数	2.4GHz	2.4GHz
変調方式	GFSK	BPSK、QPSK
通信速度	1Mbps	250kbps
通信距離	10m	30～100m
消費電流	20～40mA	20～40mA
ネットワークアーキテクチャ	Star	Star、Mesh

用できます。

❖ システムアーキテクチャ

BLEのコアシステムは図4-2のように構成されており、階層は大きく分けてController、Host、Applicationの3層からなります。この中でもApplicationが絡むのはGAP（Generic Access Profile）、GATT（Generic Attribute Profile）になります。GAPが通信の確立を制御し、GATTが実際のデータ通信時の書き込み／読み込みなどのデータモデルを制御します。

❖ 構成例

BLE自体はIPによる通信はできないので、サーバ側と通信するには母艦となるゲートウェイデバイス（IoTゲートウェイ、スマートフォンなど）が必要です。そのためIoTシーンにおいては図4-3のような構成が一般的です。

❖ 対応OS、対応製品

現在では多くのベンダが技術適合取得済のBLEモジュールを、比較的安価（数ドル～20ドル程度）に販売しています。またBLE自体、ほとんどの主要OSでドライバ／フレームワークがサポートされていることから、デバイス側の実装負荷も非常に低いと言えるでしょう。

〈対応OS〉

・iOS 6以降

・Android 4.4以降

・Windows 8.1以降

・Linux 3.4以降

〈対応モジュール例〉

・TEXAS INSTRUMENTS 社 MEMSセンサ（Simple Link CC2650）
 URL http://www.tij.co.jp/tool/jp/cc2650stk

・オムロン社 環境センサ（2JCIE-BL01）
 URL http://www.omron.co.jp/ecb/products/sensor/special/environmentsensor/

〈対応ゲートウェイ例〉

・ぷらっとホーム社 IoTゲートウェイ（OpenBlocks BX1）
 URL http://openblocks.plathome.co.jp/products/obs_iot/bx1/

❖ BLEの今後

もともとTCP/IPのプロトコルスタックの概念のなかったBluetoothですが、Bluetooth4.2からのIPSP（IP Support Profile）により、

■図4-2：BLEシステムアーキテクチャ

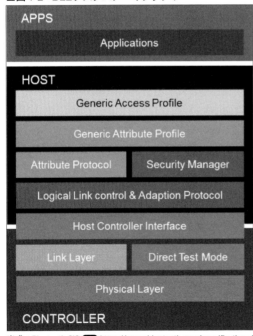

出典：Bluetooth SIG URL https://www.bluetooth.com/specifications/bluetooth-core-specification

■図4-3：構成例

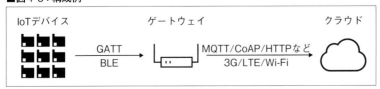

IPv6/6LoWPANに対応しました。6LoWPANとは、「IPv6 over Low power Wireless Personal Area Networks」の略で、低消費電力のデバイスでIPv6の通信を行うための規格です。IPv6では、2の128乗個という非常に多くのIPアドレスを使うことができます。これは例えば、世の中に存在するチリ1つひとつにユニークなIPアドレスを付与したとしても問題ないほどのIPアドレス数です。

このため、今後はIPv6 over BLEの実装が進むにようになるにつれて、BLEデバイス1台1台にIPを割り当て、直接インターネットに接続するIoTノードとして通信することも、技術的には可能となります（**図4-4**）。

また、最近では2016年に仕様策定されたBluetooth5（以降BT5）対応製品が増えてきています。従来のBLEと比べデータレートが最大2Mbpsまで拡張され、送信可能距離も最大400m（データレート125kbp時）と大きく改善されています。他にもメッシュ構造に対応したこともIoT通信の観点では注目すべきポイントです。

Zigbee

Zigbeeはセンサネットワークでの利用を目的として策定された近距離無線通信規格の1つです。下位レイヤである物理層とMAC層はIEEE 802.15.4として規格化され、ネットワーク層以上のプロトコルについてはZigBee Allianceにより仕様策定されています。2004年12月にZigbee 1.0として初版がリリースされており、IoT向け規格の中では古株に入ります。その後Zigbee2006、Zigbee Proなどがリリースされています[注2]。日本ではBluetooth同様2.4GHzが利用され[注3]、通信速度は20kbps〜250kbps、通信可能距離は30m程度になります。またモジュールが比較的安価で消費電流も20〜40mA程度と抑えられており、電池での長時間駆動ができるのも特徴の1つです。

ZigBeeのもう1つの特徴として、メッシュ型ネットワークへの対応／マルチホップ機能があります。一般的な無線通信機器は子機となるモジュールと親機である基地局／ゲートウェイがP2Pで通信する必要がありますが、Zigbeeの場合、マルチホップ機能により当該モジュール⇔親機間が何からの要因により直接通信できない場合でも、隣接する別のモジュール経由で通信を中継することで通信の持続性を担保したり、通信網を冗長化することができます。

Zigbee間では16bitのNetwork Addressで通信が管理されるので、理論上1つのZigBeeネットワークには、最大で2^{16}（＝65,536）個の端末を接続することができます[注4]。

以上のような特徴から、電池での駆動が必要とされるようなケースや、複数のモジュールを動的に連携するようなセンサネットワークHEMS（Home Energy Management System）などで活用されています。

❖スタックアーキテクチャ

Zigbeeのスタックアーキテクチャは**図4-5**のように構成されています。

❖デバイスタイプとネットワークアーキテクチャ

デバイスタイプは次のとおりです。

〈デバイスタイプ〉

・EndDevice
子機となる装置です。バッテリー駆動が前提のためスリープが可能で、スリープ中に飛ばされた保

■**図4-4：IPv6 over BLE**

IPv6 over BLE		
BLE specific application		IoT application
Generic Attribute Profile	Generic Access Profile	CoAP
		UDP
Attribute Protocol		IPv6
		6LoWPAN
L2 CAP		
LINK		
PHY		

注2) 現在の主流はZigbee-Pro。
注3) 920MHzも利用されるケースがあります。
注4) 64bitのIEEE Addressもありますが、本書では割愛します。

留中のデータは親機であるRouterから取得することもできます。中継機能（マルチホップ）はありません。

・Router
異なるEndDevice間の通信をルーティングしたり、新規EndDeviceのネットワークへの参加を制御します。データ中継（マルチホップ）が可能ですが、そのためにスリープに遷移することができません。

・Coordinator
親機となるAP（アクセスポイント）／ゲートウェイで、ネットワーク内に必ず1台存在しなければならないネットワーク制御装置です。上のRouterの機能に加え、セキュリティ管理、ネットワークの作成機能を具備します。

各デバイスタイプの相関は図4-6のようになります。

❖ 構成例

BLE同様、ZigbeeもTCP/IPスタックではありませんので、IoTデバイスへZigbeeモジュールを搭載し、ゲートウェイ経由でサーバと通信する構成が一般的になります。

❖ 対応製品

技術適合取得済で日本で利用できるものは多くはありませんが、Digi社はOki社など複数社から販売されています。

〈モジュール〉
・Digi社：XBee ZB ZigBee RFモジュール[注5]

注5) URL http://www.digi-intl.co.jp/products/wireless-wired-embedded-solutions/zigbee-rf-modules/zigbee-mesh-module/xbee-zb-module.html

■図4-6：ネットワークトポロジー

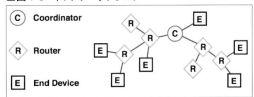

出　典：「XBee and ZigBee basic concepts」 URL http://thomarmax.github.io/QtXBee/doc/pre_alpha/xbee_zigbee_basic_concepts.html

■図4-5：Zigbeeのスタックアーキテクチャ

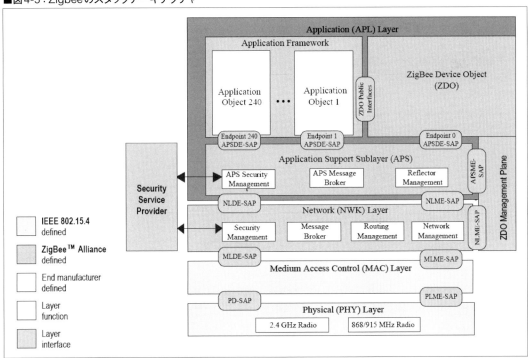

出　典：「Zigbee Specification」 URL https://people.ece.cornell.edu/land/courses/ece4760/FinalProjects/s2011/kjb79_ajm232/pmeter/ZigBee%20Specification.pdf

〈ゲートウェイ〉

・Century Systems 社：FutureNet MA-E250/FZ[注6]

❖Zigbeeの今後

　他の方式と比べ比較的古くからある規格ですが、仕様書規定範囲が壮大になっており、全容を把握するのが非常に困難です。また、特徴であるマルチホップについてもRouter/Coodinatorは常時受信用の無線を利用するため給電が必要であったり、プロトコル処理が煩雑になったりして、HEMSなど特定用途以外への広がりにはやや苦戦しているようです。また、最近ではBLE同様、IP化の流れが（2013年のZigbee IPより対応）が出てきています。

その他PAN系規格

　BLE、Zigbee以外の、その他PAN系の通信規格も参考までに紹介します。

❖Wi-SUN

　Wi-SUNは日本のNICTが主導して仕様策定した通信規格で、PHY/MAC層まではZigbeeと同じIEEE 802.15.4が適用されています。主にスマートメーター（電力など）で利用されています。

[注6] URL https://www.centurysys.co.jp/products/linuxserver/mae250fz.html

❖Zwave

　Z-Wave は デンマークの企業であるZensysとZ-Waveアライアンスとが開発した無線通信プロトコルで、Zigbee同様HEMS、センサネットワークのような低電力、長期運用を期待するアプリケーション向けに設計されました。海外では比較的事例が多いですが、日本ではそれほど利用されていません。

セルラーシステム

　本節では、セルラー通信の規格である3GおよびLTEについて説明します。ほとんどの読者がスマートフォンやWi-Fiルーターなどでこれら規格の通信を使っているかと思いますが、ここではその仕組みについて解説します。

3G（W-CDMA）

　ここでは第3世代携帯電話、通称「3G」の無線アクセス方式について説明します。3Gには「CDMA2000」などの規格がいくつか存在しますが、世界的に主流であるW-CDMAをベースに解説します。

　W-CDMAのWはWide-Bandの略です。システム的には第2世代でディファクトスタンダードであったGSMをベースに、クアルコム社が中心となって開発したCDMAという無線通信方式をさらに広い周波数帯域（Wide-Band＝5Mhz）で使うよう発展させたことから、このような名前になっています（図

■図4-7：セルラーシステムの変遷

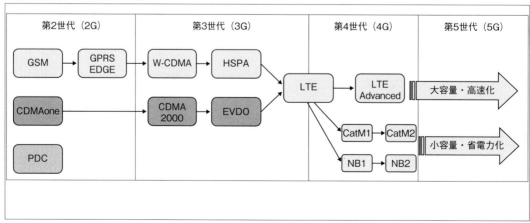

4-7)。

❖ システムアーキテクチャ

3GのシステムはおおきくRANとCOREに分かれています（図4-8）。RANとはRadio Access Networkの略称で、デバイス⇔基地局間の無線通信部分の制御を担当します。COREとは、HLRやMSC、SGSN、GGSNなどと呼ばれる、各種交換機が制御を担当する部分となります。

NTTドコモやソフトバンクといった、RANやCOREをすべて自社で持つ通信事業者を、MNO（Mobile Network Operator；移動体通信事業者）と呼びます。また最近増えている、IIJやソラコムなど、自社ではすべての設備を持たない通信事業者をMVNO（Mobile Virtual Network Operator；仮想移動体通信事業者）と呼びます。MNOとMVNOでは、共にアーキテクチャとしては同じですが、MVNOはキャリア接続分岐点が異なります。MNOの場合はすべてをMNOが提供しますが、MVNOの場合、図4-8のSGSN-GGSNの間のGn interfaceが接続分岐点になり、GGSNより先をMVNO各社が準備して運営しています注7。

注7) 最も一般的なL2接続の場合。自社で設備を一切持たず、ブランド名や料金プランだけで販売しているMVNOもあります。

❖ プロトコルスタック

3Gのプロトコルスタックは非常に複雑なため本書では詳細な説明は割愛します。簡単に説明すると、大きく制御信号を司るC-plane（Control Plane）と、ユーザデータを司るU-plane（User Plane）に分かれていて、C-planeは実際に基地局との無線接続の確立、後述する位置登録、パケット接続を制御する道、U-Planeは実際のパケットを流す道になります（図4-9）。

❖ ネットワークに繋がるまで

〈位置登録〉

セルラーデバイスはもともと移動体通信ですので、デバイスが常に移動する前提でシステムが作られて

■図4-9：C-planeとU-plane

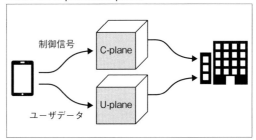

■図4-8：W-CDMAシステムアーキテクチャ

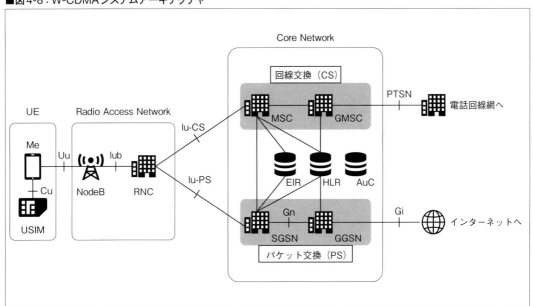

います。つまり、どのデバイスがどの基地局と通信を行っているか、移動した場合はどのエリアへ移動したのかをネットワークは常に把握しなければなりません。そのために必ず行う処理として位置登録（アタッチと呼びます）があります（図4-10）。

図4-8のとおり3Gでは音声、SMSは回線交換（CS domain）、データ通信はパケット交換（PS domain）と管理するdomainが分かれています。（CS=Circuit Switch、PS=Packet Switch）そのため、デバイスは図4-11のように無線を接続後 Location Update Request（for CS domain）/ Attach Request（for PS domain）という2つのアタッチメッセージを基地局であるNode-Bへ送信します。Node-BはそれぞれのメッセージをHLRまで送信し、処理に問題なければデバイスが送信した位置情報がHLRに記録され、Networkはそのデバイスが現在どのセルの下で通信しているかを把握することができます。デバイスが別のセルへ移動すれば新たに位置登録処理をし直すことで、常に在圏しているセル情報の同期をとることができます（データ通信がメインのIoTデバイスでは稀にこの部分で問題が発生するため、こちらについてはコラムにて後述します）

〈認証〉

セルラーシステムはセキュリティが高いとよく言われますが、具体的に何をもって担保しているのかについて、ここでは簡単に解説します。前節で位置登録の流れを説明しましたが、実はこのシーケンスの中にAuthenticate Requestというメッセージが出てきます。3GではAKA（Authentication and Key Agreement）というプロトコルを使って認証と鍵生成、及びデータのCipher/Integrityを担保していま

■図4-10：セルと位置登録

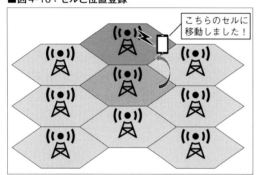

■図4-11：位置登録シーケンス

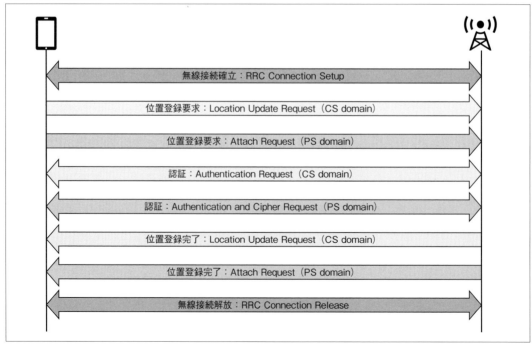

す。

　セキュアなICである「SIMカード」の中にはKiと呼ばれる認証鍵があらかじめ格納されており、HLRという加入者情報を管理する交換機から生成された認証情報はデバイスを経由してSIMカードまで届きます（**図4-12**）。SIMカードは受信した認証パラメータの正当性をチェックし、正しければKiと受信したパラメータを元に演算を行い、演算結果と暗号化用の鍵などを生成します。HLRは受信した演算結果とあらかじめ自身で演算した結果の比較を行い、正しい場合は認証成功として次の処理へ進みます。デバイス側、ネットワーク側双方の2-Way認証を行っていることもポイントです。この際、3GではMilenageという3GPP[注8]で策定された強固なアルゴリズム群を使っているため、なりすましや改ざんなどを行うことができません。デバイスは認証後にSIMから受け取る鍵を利用して、その後の無線区間の信号をすべて暗号化します。3G自体がチップ拡散によりデジタル盗聴が困難な上、さらに各信号に暗号化をかける、認証処理も外部クラックが困難なSIMカードというセキュアICによって保護される、

注8)　Third Generation Partnership Project。3GやLTEなどの移動体通信に関する規格などの、国際標準規格を策定するプロジェクト。

以上がセルラーが安全と言われる所以です。

〈PDP Context〉

　さて、ここまででようやくデバイスはセルラーネットワークに接続できました。スマートフォンなどでアンテナピクトが立つようになるのは、位置登録-認証処理が成功したこのタイミングです。ただこれだけですとセルラーネットワークに繋がっただけなので、実際に外のサーバなどと通信するにはデバイスへIPを割り当てて貰わなければなりません。そのための手順がActivate PDP Contextです。一般的に"パケットを張る"、"セッションを張る"と言っているのはこの手順です。

　図4-13のようにデバイスは在圏した状態であらかじめ指定されたAPN、user/pass、IP typeなどを指定して、Activate PDP Context RequestをSGSNまで送信します。SGSNは受信したメッセージに応じて適切なGGSNを選択し、PDPコンテキストの生成要求（Create PDP Context Request）メッセージをGGSNに対して送信します。メッセージを受信したGGSNは、IPアドレスの割当てを行います。これによってデバイスにはIPが割り当てられましたので、後は任意の宛先と通信が開始できるようにな

■図4-12：認証シーケンス

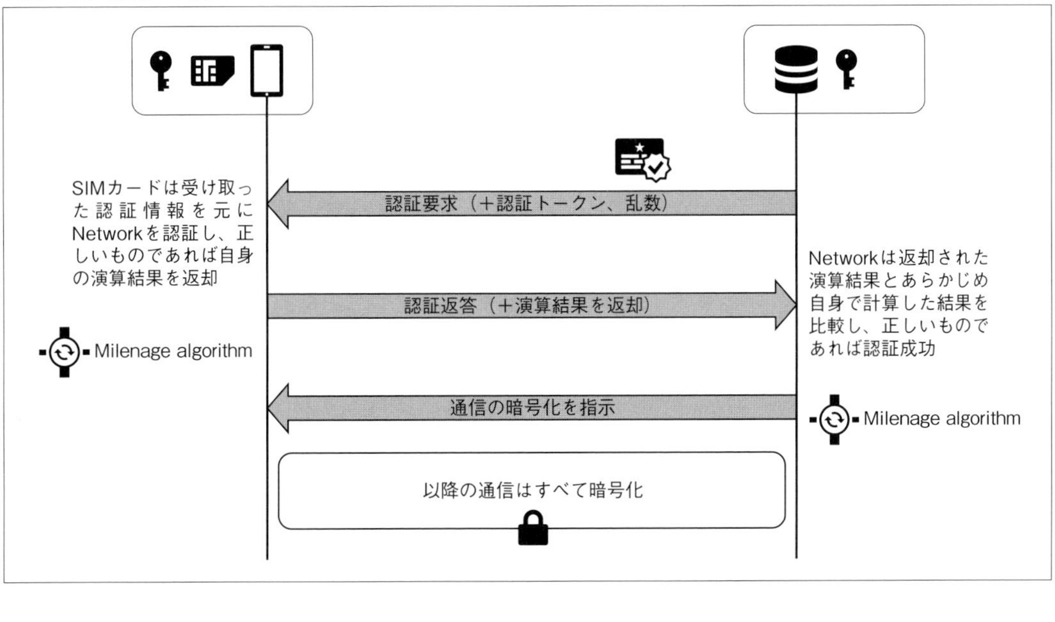

Column

IoT デバイスにおける CS 問題

IoT デバイスにて開発を行う際、稀に直面する問題として、CS 問題、セルスタンバイ問題、アンテナピクト問題などと呼ばれるものがあります。この問題が起きた際の事象としては、次のような問題があります。

- バッテリ消費が異常に早くなる
- アンテナピクトが正常に表示されない
- デバイスの位置登録が完了しない

なぜこのような事象が起きるかというと、図4-11で説明したようにセルラーシステムは CS/PS の２つの domain があり、双方に位置登録処理を行うような設計が前提になっています。しかし、データ通信 SIM（特に MVNO 向け）の場合、多くのカードが PS domain のみの通信を許容するような HLR 設定になっています。当然デバイス側も両 domain への位置登録処理を行おうとしますが、ネットワーク側が CS 位置登録を許可しませんので、データ通信 SIM の場合、処理が片手落ちになってしまうわけです。

セルラーはもともと携帯"電話"ですので、データ用の PS より音声用の CS のほうが優先度が高く、位置登録を完了できるまでデバイス側が再送処理を行ってしまったり、そもそも位置登録を失敗とみなしてしまう事象が発生する場合があります。PS domain のみへの位置登録自体は 3GPP でも許容されている振る舞いであり、最近ではこの問題も起きづらくなっていますが、未だに一定頻度で発生するデバイスがあるのを筆者も確認しています。

対策としては次の３点ですが、最も容易にできるものとしては１番になります。とはいえ音声／SMS 付きの SIM は一般的にデータ SIM よりもコスト高ですので、エンドユーザ観点としては恒久的な対応（2 or 3）の対応を待ちたいところです。

1. 利用する SIM を音声用 or 音声／SMS 用に変更する
2. デバイス側（モデム）を PS only でも動作するよう修正する
3. MNO 側にデータ通信 SIM でも CS 位置登録を許容するよう変更してもらう

次節で解説する LTE はすべてパケットベースのシステムになりますので、このような問題は発生しません。

■図4-13：PDP Activation シーケンス

ります。

3Gはもともとパケットは常時接続（Always ONと呼びます）ではなく、必要なタイミングでセッションを張るように作られていますので、位置登録とは別に必ずPDP Contextの確立が必要になることを頭の片隅に覚えておいてください。

4G（LTE）

LTEはLong Term Evolutionの略称で3GPP Release.8にて2009年3月に策定されました。図4-7でも各規格の進化の流れを図解しましたが、W-CDMAやCDMA2000の第3世代携帯電話（3G）から発展し、一般的には第4世代を意味する4Gとも呼ばれます[注9]。下りはOFDMA（Orthogonal frequency-division multiple access）、上りはSC-FDMA（Single Carrier Frequency Division Multiple Access）という無線技術が採用されています。周波数は1.4、3、5、10、15、20MHzから選択（最大20MHz）可能で、最大スループットはUEカテゴリによって分類されています。カテゴリ毎

注9）ネットワークアーキテクチャの定義から、3.9Gと位置付ける場合もあります。

Column

IMSI、MSISDN、ICCID、IMEIって何だろう？

セルラーシステムを利用する中でよく出てくるのが「IMSI」「MSISDN」「ICCID」「IMEI」です。いずれもユニークな識別子ではあるのですが、それぞれ何を意味しているのでしょうか。

・IMSI：International Mobile Subscriber Identity

前述の位置登録を始め、セルラーシステム内での信号、ネットワーク制御はすべてIMSIをベースに行いますので最も重要な識別子の1つです。上5～6桁にて、IMSIの発行者（国と事業者を意味するMCC/MNC）を判定することができます。

・MSISDN：Mobile Subscriber ISDN Number

音声／SMSサービスでユーザが利用する電話番号です。IMSIと異なりデバイスは制御信号用途では使いませんので、IoT用途においては重要性が薄れてきています。

・ICCID：Integrated Circuit Card ID

SIMカード1枚1枚の物理的な製造識別番号です。こちらも制御信号用途では使いませんが、SIMとデバイスが分離されてきた昨今では、物理的なSIMの管理番号として重要になってきています。上8桁にて、発行国や事業者を判定することができます。

・IMEI：International Mobile Equipment Identity

デバイスの製造識別番号です。IMEI pairingのような遠隔でのデバイス制御を行ったりする際に重要になります。上8桁がTACコードと呼ばれていて、デバイスの製造会社と機種名を判定することができます。

なお、上の3つはSIMカード内に、IMEIのみデバイス内に格納されいます。

■図4-14：LTEのシステムアーキテクチャ

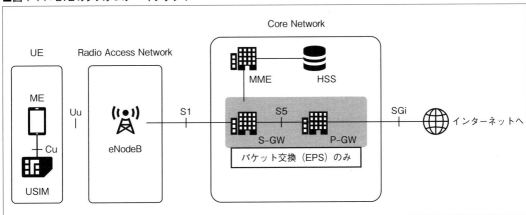

Part2　技術要素編　IoTシステムの全体像をつかむ

の定義（一部）は例示します。

・Cat.1：10/5Mbps（DL/UL）
・Cat.2：50/25Mbps（DL/UL）
・Cat.3：100/50Mbps（DL/UL）
・Cat.4：150/50Mbps（DL/UL）
・Cat.5：300/75Mbps（DL/UL）

　また、昨今ではCA（Carrier Aggregation）という、複数の周波数帯を束ねて利用する技術や、MIMO（multiple-input and multiple-output）と

いうアンテナを複数本同時に利用する技術を使ってスマートフォンを筆頭にした大容量／高速の無線通信に対応できるようになっています。

❖システムアーキテクチャ

　LTEでは、3Gで利用されていた複雑なシステムが非常に簡素化されました。RANはe-NBに集約され、COREもHSS、S-GW、P-GWの構成になったことでシンプルになっています。また、従来のCS/PS domainという概念はなく、基本的にパケッ

Column

セルラー（3G/LTE）における再接続処理の必要性

　3G/LTE共に無線通信ですので、何かしらの理由でPDP/PDNセッションが切れてしまうケースが存在します。具体的には次の要因が挙がります。

1. MNO、MVNOの一時的な通信障害
2. 無通信監視タイマーによる強制切断

　1.はネットワークの輻輳や物理的な障害で発生し得ますし、2.はどの事業者でもリソースの有効活用のため、

一定時間以上無通信が続く場合は一度ネットワークトリガーでPDP/PDNセッションの解放（切断要求）を行うことがあります。つまり、デバイスとしては必ずしも常時セッション接続されている保証はありませんので、IoTデバイスにおいても切断された場合の制御（自動再接続やオンデマンド再接続）ロジックをデバイス側に入れておくとより通信の持続性を担保できると言えます。

Column

対応Bandの重要性

　セルラーデバイスは利用するシステム、キャリアによってデバイスがサポートすべき周波数（Band）が異なります。せっかくシステムを構築しても選定したデバイスが利用したいキャリアの周波数に対応していない or 対応不十分であれば、結果的に利用可能エリアが狭まってしまったり、

十分なスループットが出なくなる可能性があります。表4-Aに日本の3キャリアが運用している周波数帯域を参考までに記載します。通信モジュールには対応バンドが記載されているため、利用する通信キャリアに合わせて選定を行う必要があります。

表4-A：3キャリアの運用周波数

Band	周波数	LTE	WCDMA（3G）
1	2.1GHz	docomo、KDDI、SoftBank	docomo、SoftBank
3	1.8GHz	docomo、SoftBank	ー
6	800MHz	ー	docomo
8	900MHz	SoftBank	SoftBank
11	1.5GHz	KDDI、SoftBank	
18	800MHz	KDDI	
19	800MHz	docomo	docomo
21	1.5GHz	docomo	ー
26	800MHz	KDDI	ー
28	700MHz	docomo、KDDI、SoftBank	ー
42	2.5GHz	KDDI、SoftBank	ー
42	3.5GHz	docomo、KDDI、SoftBank	

トベースのアーキテクチャになったことも非常に大きな変更点です。では音声／SMSはどう処理するかというと、既存の3Gのシステムへ処理を飛ばしてしまうCSFallBack、あるいはLTEのPS domain（EPSと呼びます）で音声も処理するVoLTE、SMS over IPという技術で実現します。

❖ネットワークに繋がるまで

基本的な仕組みは同じですが、3Gでは位置登録とPDPの確立が別手順であったのに対し、LTEは位置登録とPDN（LTE版PDP）の確立を1つのメッセージで行うことができるようになりました[注10]。LTE

注10）従来と同じ接続方法も可能です。

■図4-15：EPS Attachシーケンス

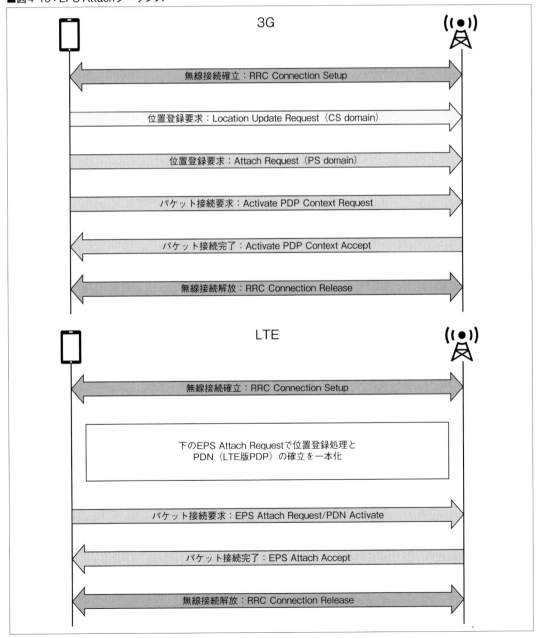

はスマートフォンなど常時IPを利用する（Always ON）ことを前提にシステムが作られているため、位置登録と同時にパケットも張ってしまおうということですね。図4-15のようにネットワークとの接続手順は若干異なりますが、デバイス側の実装としては3G/LTEをあまり意識して実装する必要はありません。

5G

2G（GSM）⇒ 3G（WCDMA/CDMA）⇒ 4G（LTE）と進化を続けてきたセルラーシステムですが、現在2020年のサービス開始に向けて5Gという次世代ネットワークの策定／開発が進められています。2020年には2010年と比べてデータトラフィックは約1,000倍になるという話もあり、これらの大容量データを捌くための次世代ネットワーク構築が急務になっています。

- 高速／大容量：数百Mbpsから10～20Gbps超に
- 周波数効率の大幅向上：数十GHzの高周波数帯域を用いたMassive MIMOの活用
- 超同時多接続数：現在の約100倍に。100万デバイスが接続可能
- 超低遅延、高信頼性：既存LTEの10msecから1msecに。レイテンシの大幅改善
- 小電力、低コスト：無線効率向上機器は簡素化に
- ネットワークスライシングによる柔軟／最適／経済的なネットワーク

■図4-16：セルラーシステムの変遷

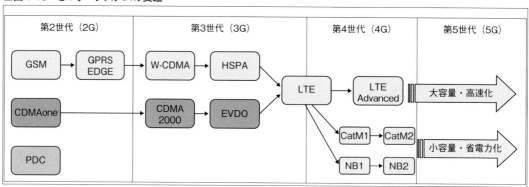

■図4-17：5Gのアーキテクチャ（予定）

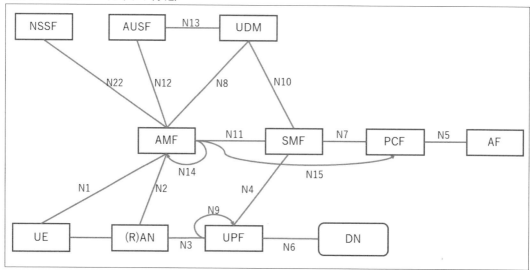

Chapter4　ネットワーク

❖ システムアーキテクチャ

5Gにおけるネットワークアーキテクチャは従来のLTE/4Gから大きな変更が入ります。2019年現在でも3GPPにてすべてが確定している わけではありませんが、図4-17のような構成が予定されています。

そのため、5Gの展開においてはRAN（Radio Access Network、つまり基地局側）は5Gで、コアネットワークは既存のLTE/4Gの設備を用いるフェーズ、RAN/コアネットワーク共に5Gの設備のみを用いるフェーズという2つに分かれており、前者はNSA（Non Stand Alone）、後者はSA（Stand Alone）と呼ばれます。通信事業者各社はNSAで5Gを開始し、徐々にSAへの移行を進めていくものとみられています。

❖ IoTと5G

5Gは大容量／高速化が一番の目的になっています。そのため比較的データ容量少ないケースが多IoTにおいて、5Gの通信が必要なのかと思われるもしせんが、実は特定の用途においては非常IoTとも密接な関係になると言われています。具体的には次のようなユースケースです。

・自動運転
・ドローン
・遠隔医療
・建設、工事現場

いずれも4k～8kの大容量動画やAR連携などをリアルタイムに伝送し処理するため、低遅延・高スループットが求められるユースケースです。

LPWAとは

LPWAはLow Power Wide Areaの略称で、名前のとおり、なるべく消費電力を抑えて遠距離通信を実現しようという方式で、IoT向けにより特化して仕様策定が進められています。GSMA[注11]では2022年までに50億台のデバイスがLPWAによってネットワーク接続されるであろうという予想をしています（図4-19）。

LPWAは、大きく分けて「アンライセンス系」と「ライセンス系」とに分かれており、アンライセンス系は通信を行うときに免許は不要ですが、ライセンス系は無線局免許が必要となります。前者は無線局免許が不要なため、例えば個人や企業レベルで運用を行うことが可能ですが、後者は従来の携帯キャリアのように総務省から包括免許を取得して事業を運用する必要があります。

以降ではアンライセンス系の代表格であるLoRaWAN、SIGFOXと、ライセンス系の代表格であるLTE M1,NB-IoTについて紹介します。

注11）MNOや関連企業からなる業界団体　URL http://www.gsma.com/

■図4-18：5Gにおけるレイテンシと帯域要件

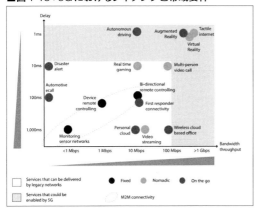

出　展：GSMA Intelligence Understanding 5G　URL https://www.gsmaintelligence.com/research/?file=c88a32b3c59a11944a9c4e544fee7770&download

図4-19：GSMAによるLPWAの予測

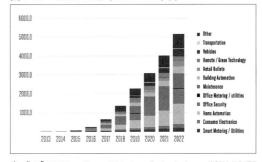

出　典：「3GPP Low Power Wide Area Technologies ― GSMA WHITE PAPER」URL http://www.gsma.com/connectedliving/wp-content/uploads/2016/10/3GPP-Low-Power-Wide-Area-Technologies-GSMA-White-Paper.pdf

改訂新版　IoTエンジニア養成読本　57

アンライセンス系LPWA

LoRaWAN

　LoRaWANは、Semtech/IBM社が中心となって仕様化したLPWAの線規格の1つで、非常に低速ながら低消費電力で、長距離伝送できることが特徴です。その特徴により、既存のセルラー通信と並んで、IoT用途において注目されています。日本ではアンラインスで運用できるサブギガ帯域と呼ばれる920MHz帯を利用します。

　LoRaWANの技術仕様は、400社超の会社（MNO、Module、Gateway、Network Vendor）が参加するLoRa Allianceにより仕様策定されパブリックに公開されており、グローバルかつオープンな通信方式です。ヨーロッパではKPN（オランダ）やOrange、Bouygues Telecom（フランス）、アジアではSKTelecom（韓国）などの携帯キャリアが全土展開を推し進めていたり、TTN（The Things Network：オランダ）のような草の根ネットワークの展開も非常に活発です。

　LoRaWANの特徴をまとめると、次のようになります。

・広域通信（数km）
・低消費電力（20mA程度）
・常にDevice主導の通信（Uplinkから通信開始）
・低データレート（1通信あたりのデータ量＝11byte）
・マルチホップ機能はなし
・IPではなくDev Addr（32bit）で管理

　無線部分はスペクトル拡散通信の一種である、チャープ拡散方式を利用しており、SF（Soreading Factor）と呼ばれる拡散率を変更することでProcess gainを得ることができます。送信距離は規格上は10~20km程度で、現状日本で使える最大無線出力（20mW）では、実測では約1.5~6kmとなります。送信時の電力は20mA程度で、待機時はさらにその1/100のため、同様に低消費電力のBLEに比べて通信距離は100倍以上、広域通信できるセルラーに比べて1/10程度の低消費電力を実現しています。

　また、上述のとおりマルチホップ機能はありませんので、ネットワーク構成としてはBLEなどと同じく、LoRaゲートウェイに対してLoRaモジュールが紐づく形となります。マルチホップで煩雑なルーティング制御をするのであれば、その分無線性能を上げ、P2Pでも長距離飛ばすことで通信距離の問題を解決するという設計思想になっています。

❖ システムアーキテクチャ

　アーキテクチャは図4-20のようになっていて、主にModule-Gateway-Network Serverという3部で構成されています。

　よくWi-FiのようにModuleとGateway（基地局）だけあれば使えるイメージを持たれている方が多いのですが、実際にはNetwork serverというコアネットワークが、パケットのルーティングやデータの暗復

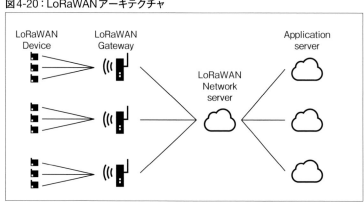

図4-20：LoRaWANアーキテクチャ

Chapter4　ネットワーク

号などを処理しており、ここを各ネットワーク提供事業者が提供しています。セルラーネットワークのHLRのように、加入者情報（LoRaWANの場合はDev Addrや暗号鍵）を格納しておくのがNetwork Serverの役割です。

❖プロトコルスタック

LoRaWANはPHYレイヤとMACレイヤで構成されます。2016年10月のLoRaWAN v1.0.2にてAS923と呼ばれる920MHz帯域を使った規定が追加され、日本を始めとしたアジア各国の周波数対応が完了しました。アプリケーションレイヤはLoRaWAN specificationでは規定されていないの で、任意のアプリケーションを実装することが可能です。

前述のPAN規格と同様、LoRaモジュール自体はIPを持たない規格であることもポイントです。デバイスの識別には、Dev Addrと呼ばれる32bitのMAC Addressで管理されます。

❖LoRaWAN Class

図4-21のとおり、LoRaWANには3つのClassが存在しています。

Class Aが実装必須クラスであり、現在世界各国で使われているユースケースのほとんどはClass Aです（図4-22）。前述のとおり、デバイスからUplinkの通信を開始し、その後RX1、RX2という2つの受信スロットを使ってDownlinkのパケットを受信します。デバイスはこの時間軸以外はidleに落ちますのでその分消費電力を抑えることができます。Downlinkスロットではackを返したり、ピギーバック[注12]的にアプリケーションからのレスポンス通信を行うことも可能です。ClassCはClass Aでは限定されていた受信スロットを常時開放することで消費電

図4-21：LoRaWANプロトコルスタック

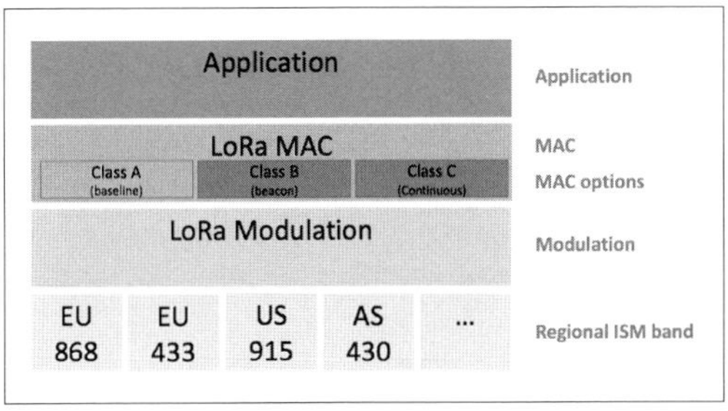

![LoRaWAN Protocol Stack]

出典：「LoRaWAN Specification v1.0.2」 URL https://www.lora-alliance.org/portals/0/specs/LoRaWAN%20Specification%201R0.pdf

注12）リクエストに対するレスポンスの通信に相乗りして、アプリケーションデータを付与して送る方式のことです。

図4-22：LoRaWAN ClassA

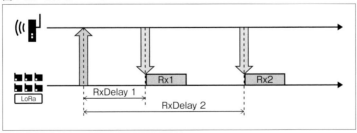

図4-23：LoRaWAN ClassB

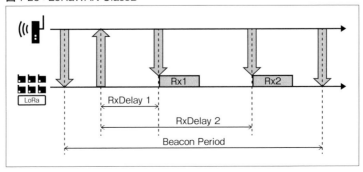

Part2　技術要素編　IoTシステムの全体像をつかむ

力は増大しますがその分常にDownlinkパケットを受けられるようになります。

やや特殊なのがClass Bでこの方式を使うとデバイスからのUplink通信を待たずにBeaconと呼ばれるDownlinkのパケットを一定周期で送ることが可能です（図4-23）。

❖ セキュリティ

LoRaWANではセルラーなどのように大容量／低レイテンシーの通信はできませんので、TLSのような重い認証／暗号化処理はできません。そのため、デバイス、Network ServerではあらかじめNwskey、ApskeyというPSK[注13]を双方で事前共有しておき、通信する際はこららの鍵で暗号化と正当性の確認を行います。なお、製品出荷時に鍵を格納しておく方式をABP、無線経由で出荷後に書き込む方式をOTAAと呼びます。

注13）Pre Shared Key（事前共有鍵）。

図4-24のようにデバイスはAES-128ベースの暗号化を行い、MICと呼ばれるMACをヘッダに入れ込んでNetwork Serverへ送信します。NS側では該当パケットのDev Addrや暗号データの正当性を確認し、正しいものだけを処理します。

❖ ユースケース

前述のとおり、一度に送信できるデータはPAN系と比べてもさらに小さい最大11byte[注14]ですが、各種センシング（温度、湿度、加速度）であれば数バイト程度で事足りるケースも多く、例えばAmazon Dash Buttonなどへの活用も考えられます。一般的には次のようなユースケースが想定されています。

・インフラ（電気、水道、ガスなど）
・一次産業（農業、酪農、狩猟など）

注14）SF=10で運用した場合の実Payload長。

図4-24：LoRaWANセキュリティ

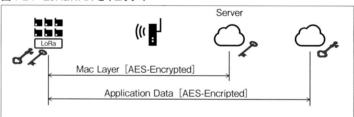

Column

LoRaWAN Gatewayの共有性

LoRaWANでは基地局（Gateway）は無線の変復調とLoRaWA Frameの中継程度しか処理せず、多くの処理はNetwork Server側で処理されます。つまりLoRaWANとしての通信の終端はデバイス-Network Serverであり、実際デバイスはどのGatewayと通信しているかということをあまり意識していません。キャリアセンスと呼ばれる無線チャネルのセンシングを行った後、空いているチャネルがあれば当該チャネルにて搬送波を送出します（図4-A）。

つまりGatewayには自身の購入したデバイスのみならず、他人の購入したデバイスからの無線も受けることになります。この原理を活用すると、昔Wi-Fiで利用されていた「FON」という無線LAN APの共有ビジネスに近い

サービスも可能かもしれません。

図4-A：LoRaWAN Gatewayの共有性

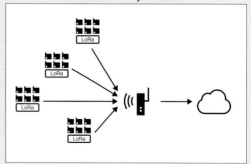

- 産業機器（工場、重機など）
- 防災（水害、地滑り、落盤、橋梁監視など）
- GPSトラッキング（子供、高齢者、ペットなど）

❖ **実装例**

LoRaWANモジュール自体はいわゆる通信モジュールですので、デバイスを制御するためには何かしらのマイコンが必要です。LoRaWANの草の根ネットワークであるThe Things NetworkやソラコムのLoRaWANキットなどではArduinoが使われており、一般的もArduinoを使ったソリューションが多いのが現状です。もちろんより処理量の多いデバイス、例えばRaspberry Piなどでも利用することはできますが、LoRaWANの通信量やプロトコルを考えると低スペックのマイコンで十分であるため、費用面や消費電力の観点からも、あまり使われていないのが現状です。この辺りは前章とも併せて確認されるとよいでしょう。

Sigfox

SigFoxはフランスSigfox社によって仕様策定されたLPWA規格の1つです（図4-25）。LoRaWAN同様に非常に低速（～100bps）ながら低消費電力、長距離伝送：UNB（Ultra Narrow Band）と呼ばれる狭帯域通信により高い受信感度を確保し、規格上は3～50km程度の距離の通信が可能と言われています。お膝元であるフランスをはじめ、スペイン、オランダなどヨーロッパではすでにかなりの面展開が進んでいます。日本ではLoRaWANと同じく、アンライセンスで運用できるサブギガ帯域（920MHz帯）を利用します。

技術仕様書が非公開のため詳細は不明ですが、1日の最大送信回数が140回、Payloadは12Byteまで。Downlink/Uplink共に所定の回数の通信が可能です。また1国1事業者のみが提供するという特殊なビジネスモデルですが、その分エコシステムをSigfox側で一元的に管理しており、デベロッパーに必要な情報が集約されている利点もあります。日本においてはKCCS（京セラコミュニケーションシステムズ）がSigfox認定事業者として2017年2月から商用サービスを開始し、基地局の全国展開を行っています。2018年時点には人口カバー率90%が達成され、LPWAインフラとしての拡充が目覚ましい規格です。

ライセンス系LPWA

ここからは、ライセンス系のLPWAである次の2点を紹介します。いずれもみなさんが普段スマートフォンなどで利用されているLTEをベースとした方式ですが、IoT向けの利用を考慮された仕様となっています（図4-26）。規格としては下に行くほど新しく、より省電力／低速度／低コストでIoT自体に即した規格になっていくことを頭の中に入れておいてくださ

図4-25：Sigfoxシステムアーキテクチャ

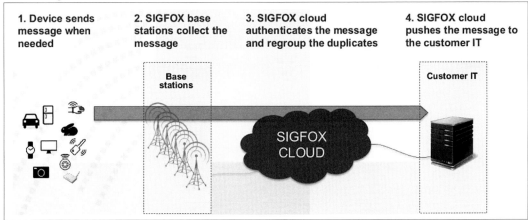

出典：http://www.slideshare.net/RyanDerouin/get-started-on-sigfox

- LTE Cat.M1
- LTE Cat.NB1（NB-IoT）

　セルラーLPWAにおける最も大きな特徴としてeDRX、PSMがあります（図4-27）。セルラーシステムはもともと携帯"電話"向けのシステムです。電話ですので常に音声着信／SMSなどを受け取れる状態でなければなりません。Aさんから着信があった場合、デバイスはPagingという呼び出し信号を基地局から受け取ることで、自身のデバイスに着信があったことを検知することができます。

　ではなぜデバイスがPagingという信号を受け取ることができるかというと、デバイスは常に一定周期で特殊な無線チャネルを利用して、自分への通信がないかをチェックしているからです。ただ、IoTではそもそもデバイスの通信頻度が非常に低いため、msecオーダーでPagingをチェックする必要がありません。もともと3GPPではこの間隔を調整できる方法がDRX（Discontinuous Reception）と呼ばれる技術で存在していましたが、Release12ではeDRX（Extended-DRX）としてこの間隔を従来よりもさらに長くすることができるようになりました。Cat.0のeDRXでは最大10.24秒（従来のDRXで

図4-26：IoT向け規格比較

	LTE Rel-8 Cat-1	LTE Rel-12 Cat-0	LTE Rel-13 Cat-M1	NB-IoT Rel-13
DL peak rate	10 Mbps	1 Mbps	1 Mbps	~0.2 Mbps
UL peak rate	5 Mbps	1 Mbps	1 Mbps	~0.2 Mbps
Duplex mode	Full	Half or full	Half or full	Half
UE bandwidth	20 MHz	20 MHz	1.4 MHz	0.18 MHz
Maximum transmit power	23 dBm	23 dBm	20 or 23 dBm	23 dBm
Relative modem complexity	100%	50%	20-25%	10%
Note: peak data rates refer to full duplex operation for Cat-0 and Cat-M1					

出典：https://www.ericsson.com/research-blog/internet-of-things/cellular-iot-alphabet-soup/

図4-27：PSMとeDRX

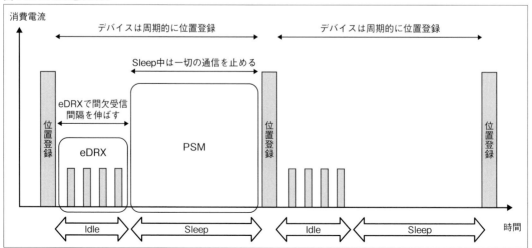

は2.56秒）まで延長可能です。

また、Release.12ではeDRXと合わせてPSM（Power Saving Mode）というモードが定義されており、一旦PSMに遷移すると、デバイスはネットワークとの論理的な位置登録状態、PDNは維持しつつも無線を完全に切ってしまうため[注15]、IDLEと呼ばれる待ち受け状態よりも飛躍的に消費電力を高めることができます。こうした技術によりなるべく無線利用を抑えることで省電力を実現できるようになりました。デバイスが起きている間の消費電力を抑制するのがeDRX、それとは別にデバイスを寝かせてしまうのがPSMです。

LTE cat.M1

LTE Cat.M1は、LTEカテゴリの1つで、昨年の3GPP Release.13で策定されました。M1のMはMachine Type Communicationの略称です。

❖変更点

既存のLTEと比べ、次の点が変更になっています。

・運用周波数帯域の狭帯域化（20MHzから1.4MHzへ）
・最大スループットは0.8/1Mbps（DL/UL）へ

注15）実際には完全に寝かせてしまうわけではなく、デバイスはネットワークからあらかじめ指示されたタイミングで位置登録／アタッチ処理をすることで定期的に自信の位置をネットワーク側に通知します。

・eDRXを最大43分へ
・繰り返し送信（Repetition）によりカバレッジを拡張（Cat.1よりも+15dB確保）

一番の変更点は運用周波数が従来の20MHzから1.4MHzと大幅に狭帯域になったことです。もともとLTEでは最小で利用可能な周波数幅として1.4MHzが規定されていましたが、一般的に無線通信はなるべく広い帯域を取ったほうが高速化ができますので、各キャリアは10MHzや20MHzなど、国から割り当てられた周波数を最大限に使ってきましたが、Cat.M1では一番狭い周波数帯域で通信します。

また、繰り返し送信により、建物内部や鉄板の内側などこれまで圏外だったエリア（セルのエッジ部分）への通信を実現します。従来のLTEよりも省電力／広域通信を実現したのがCat.M1です。日本ではKDDIが2018年1月に、ソフトバンクが同4月、NTTドコモが同10月にサービスを開始しました。また、MVNOとしてはソラコムがKDDI cat.M1ネットワークを利用したサービス（SORACOM Air forセルラー）にてplan-KM1というプランでサービスを開始しています。

LTE Cat.NB1（NB-IoT）

NB-IoTはLTE規格の中でIoTに特化して策定された規格です（図4-28）。Cat.M1同様、3GPPが昨年のRelease.13で仕様策定しました。NBはNarrowed Bandの略称で、従来の周波数帯域より

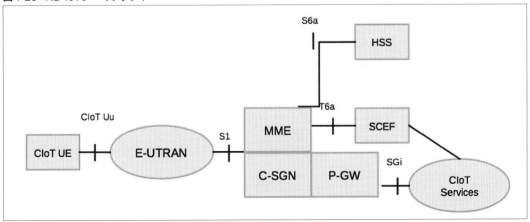

図4-28：NB-IoTアーキテクチャ

出典：「NB-IOT」 URL https://www.ietf.org/proceedings/96/slides/slides-96-lpwan-7.pdf

Part2　技術要素編　IoTシステムの全体像をつかむ

もさらに狭い周波数（180kHz）を利用します。通信距離は最大20km程度、スループットは100bps以下になります。

❖変更点

従来LTEとの変更点は次のようになります。

・半二重モードのみ
・運用周波数が180kHzに
・スループットが26/62bps（DL/UL）に
・リンクバジェットが+20dBに
・eDRXサイクルが最大2.91時間へ

180kHzという周波数帯域はもともとLTEで利用していたRB（Resource Block）という周波数の束1つ分です。インバウンドモードのように既存のLTE帯域の中の一部としてアサインしてもよいですし、ガードバンドと呼ばれるアサイン周波数の外側を利用することもできるようになっています。

1.インバウンドモード：従来のLTE帯域の中で利用
2.ガードバンドモード：ガードバンドと呼ばれるLTEのすきま周波数帯を利用
3.スタンドアロンモード：GSMで利用していた周波数帯などを利用

基本的にはLTEと同じアーキテクチャですが、NB-IoTではC-SGNというNodeが追加され、ユーザデータをC-planeと呼ぶ制御チャネルでも送れるようになっています。日本では2018年4月にソフトバンクがNB-IoTのサービスを開始し、全国にて利用可能な状態になっています。

各システムの選定と実装のポイント

本章では複数の通信システムについて説明しました。では実際にIoTへ適用するにあたり実際に適用すべきはどの方式でしょうか。正直ここについては明確な答えはなく、実際のユースケースアプリケーションに対して、次の要素を考慮し、最もミートするものを選択すべきです。

・通信範囲
・データ量
・通信頻度
・消費電流
・モビリティの有無（定点か移動か）
・IPの有無
・通信方向（双方向、片方向）
・通信料

GSMAではIoTアプリケーション毎の想定データ通信量、消費電力、通信頻度、通信範囲を図4-29のようにまとめています。

ご覧頂いてわかるように、例えばSmoke detector（火災報知器）では1回20byte、通信頻度は1日2回、Vending machine（自動販売機）は1日1回通信ではあるものの、1回の通信量は1kbyteです。前者であればLoRaWANなどの低速通信が、後者であればCat.0やM1のようにある程度スループットを確保できる方式がよいかもしれません。

図4-29：IoT向けアプリケーション要件（一部抜粋）

Applications	Number of message per day	Size of message	Total daily load	Battery requirement	Coverage requirement
Consumer-Wearables	10 messages/ day	20 bytes	10*20 = 200 bytes	1 - 3 years	Outdoor/indoor
Smoke detector	2 messages/day	20 bytes	2*20 = 40 bytes	5 years	Indoor
Water metering	8 messages/day	200 bytes	8*200 = 1600 bytes	15 years	Deep indoor
Vending machine	1 message/day	1 Kbytes	1*1000 = 1000 bytes	10 years (powered)	Outdoor/indoor

出　典：「3GPP Low Power Wide Area Technologies — GSMA WHITE PAPER」 URL http://www.gsma.com/connectedliving/wp-content/uploads/2016/10/3GPP-Low-Power-Wide-Area-Technologies-GSMA-White-Paper.pdf

その他、モジュールの価格、種類の豊富さ、ペリフェラルの充実度、連携のし易さ（API、Referenceの豊富さなど）、技適の取りやすさ、対応周波数、マイコン側からの制御方法（ATコマンドなど）も重要な選定要素になります。このあたりは第3章のデバイス選定にも密接に絡んできます。いくら通信規格として優れていても対応製品がなければ意味がありませんし、通信を制御する方法が難解であれば開発負荷としては高くなってしまいますので**図4-29**を参考に最適なものを選ぶことをお勧めします。1つの方式にこだわると大体無理なデバイス実装、システム構成になってしまいますので、複数の通信を組み合わせて使うのもよいでしょう。

最後に

2016年はIoTを活用した具体事例が展開され始め、3GPP Release13でCat.M1やNB-IoTの仕様がFIX、アンラインス系LPWAであるLoRaWAN、SigFoxなどの実証実験が日本で開始されたりと、IoT/LPWA元年でした。その後、2017年は各種方式の実証実験がより拡充し、2018年はSigfoxのエリア拡大、セルラーLPWA（Cat.M1、NB-IoT）の正式商用サービス開始に伴い、より一層の盛り上がりを見せています。今後の動向についても非常に楽しみです。

mh 技術評論社

イラスト図解でよくわかる
ネットワーク&
TCP/IPの
基礎知識

ネットワークの構築や運用に必要な知識を基礎から学べます！

本書はコンピュータネットワークの基礎から経路制御まで、仕組みをイラスト図解で学べる入門書です。まずは、ネットワークの全体像と基本的な技術を把握して、通信の仕組み、インターネットにつながる仕組みと続きます。インターネットにつながるためには、IPアドレスを名前解決し、適切な行き先にルーティングされますが、それらを1つひとつ説明しています。また、セキュリティ面では、安心・安全に使う仕組みとしてファイアウォールやWeb、メール、暗号化、VPNなどを取り上げています。

淵上真一 著、伊勢幸一 監修
A5判／176ページ
定価（本体 1,780 円＋税）
ISBN 978-4-7741-9608-4

大好評発売中！

こんな方におすすめ
・ネットワークやTCP/IPを学びたい（学び直したい）方
・これからネットワークの構築／運用／保守などに携わる方

技術評論社

イラスト図解でよくわかる ITインフラの 基礎知識

サーバ／ネットワーク／運用／情報セキュリティの基本

本書はサーバやネットワーク、セキュリティを中心としたITインフラの入門書です。これからITインフラを学ぶ人／学び直したい人、実務でインフラに触れることはないけれど知識として身に付けたい人を対象に、実践的なトピックに則した流れでわかりやすく解説します。
サーバ基本編ではハードウェア／ソフトウェア／サービスを、ネットワーク編ではTCP/IPの基本からルーティング、バックボーンネットワークの構成、冗長化などエンタープライズで必要な技術までを網羅し、それぞれ仕組みから理解できるようになります。さらに、運用編、セキュリティ編では実運用にあたって考えるべきことや必要なシステム監視、簡単なセキュリティチェックの方法なども解説しています。

中村親里、川畑裕行、黒崎優太、小林巧 著、伊勢幸一 監修
A5判／224ページ
定価（本体1,980円+税）
ISBN 978-4-7741-9600-8

大好評発売中！

こんな方におすすめ
・システム運用／管理に携わる方
・これからITインフラの全般を学びたい方／学び直したい方

技術評論社

イラスト図解でよくわかる HTML&CSSの 基礎知識

HTML 5/CSS 3 & レスポンシブWebデザイン 対応

本書はHTML5&CSS3の入門書です。これからHTML&CSSを学ぶ人／学び直したい人を対象に、Webサイトの基礎から実践的な書き方までトコトンわかりやすく解説します。HTMLとCSSの基本的なしくみはもとより、表現の幅を広げる記述方法やレスポンシブWebデザイン対応したページデザインの実践例にまで踏み込んでいます。さらにWebコンテンツの構造やブラウザの対応状況など、Web制作に必要なトピックスも図解しています。HTML5とCSS3を押さえつつ、基礎的な知識やしくみをしっかり習得できる内容です。

中田亨、羽田野太巳 監修
A5判／272ページ
定価（本体1,980円+税）
ISBN 978-4-7741-9553-7

大好評発売中！

こんな方におすすめ
・これからWebサイトを制作したい方
・HTMLとCSSを学びたい方／学び直したい方

Part2 技術要素編
IoTシステムの全体像をつかむ

Chapter5
バックエンド／クラウド
クラウドサービスの設計／運用のポイント

本章では、IoTシステムにおけるバックエンド部分としてクラウド環境に焦点を当てて説明します。クラウドのサービス内容だけでなく、開発や運用設計時に注意すべきポイントにも言及しています。

大瀧 隆太
OTAKI Ryuta
[URL]https://takipone.com/
[Twitter]@takipone

2013年にクラスメソッド株式会社に入社し、年間数十件のAWS環境構築・運用プロジェクトに携わりクラウド導入のプリセールス、コンサルティング業務のほか、IoT事業、Alexa事業の立ち上げにも関わる。2018年に株式会社ソラコムに入社し、ソリューションアーキテクトとしてユーザやパートナーへのIoTシステム導入支援を行う。

IoTバックエンドとは

デバイスをネットワークに接続し通信するからには、その通信相手となるコンピュータが必要です。ここでは、そのコンピュータを便宜上**IoTバックエンド**と呼びます。IoTバックエンドは、いつ通信が行われるかわからないことから常時通信できる状態にしておくのが望ましいため、Webコンテンツを提供するWebサーバなどと同様のサーバコンピュータを用意するのがよいでしょう。

サーバコンピュータは古くは専用のハードウェア、ソフトウェアを用いていましたが、現在はPCと同様の汎用品を利用するのが一般的です。ハードウェアとしてはCPU、メモリ、SSDやHDD、ネットワークインタフェースを搭載し、ソフトウェアはWindowsやLinuxなどのOSとサーバアプリケーションを実行します。

クラウドとは

サーバコンピュータによるITシステムは、ユーザ自身やシステム開発会社が調達、構築、運用を行う**オンプレミス環境**が主でしたが、それらをサービス事業者が担う**クラウド環境**が増えてきています。ITシステムは"所有するもの"から"利用するもの"にパラダイムシフトしていると表現されることもあります。

クラウド（Cloud Computing）とは、ネットワークを経由してサービス事業者所有のコンピュータリソース注1を利用するITサービス注2で、Amazon Web Services（AWS）やMicrosoft Azure、Google Cloud Platformなどがあります。類似のサービスとして、iDC（インターネットデータセンター）、ホスティングなどがありますが次の特徴があります。

・拡張性
・Web API
・従量課金

注1）前述のコンピュータハードウェアを抽象化する呼称として、本章では以降「リソース」と表記します。
注2）ここでいうサービスは、経済用語の「サービス」を指し、奉仕／無料提供を意図するものではありません。

拡張性

サーバコンピュータのリソースが不足すると、デバイスからの接続要求を捌ききれなくなり、保存するべきデータが欠損したりバックエンドシステムが停止する恐れがあります。クラウドでは、膨大なコンピュータリソースの一部をユーザが利用し、後からそれらのリソースを追加および削除する仕組みが提供されるため、クラウドによって**拡張性**のあるIoTバックエンドを構成できます（**図5-1**）。

例えば、IoTシステムの開発段階では接続デバイス数が少ないことや頻繁な構成変更が想定されることから、バックエンドのリソースを最小限にすることで維持費用を抑えたり構成変更を簡単にするなどの効果が見込めます。IoTシステムの本番まで段階が進んだら、接続デバイス数の増加をリソースの追加によって対応します。

Web API

クラウドの拡張性を活かすためには、リソースの追加、変更、削除を迅速に行えることが重要です。それらの手続きを人手を介する書面などで行うのではなく、コンピュータ同士での手続きを考慮したAPI

■図5-1：クラウドの拡張性

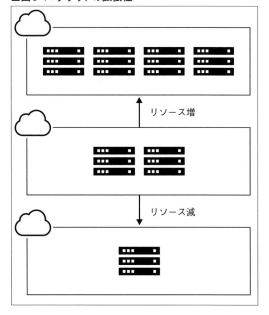

（Application Programming Interface）が適切です。APIを利用することで、次のように制御できるようになります。

■図5-2：APIのメリット（その1）

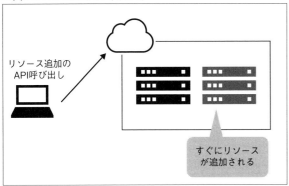

■図5-3：APIのメリット（その2）

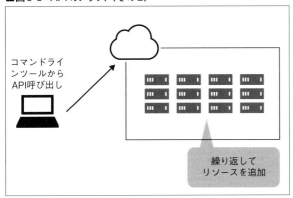

■図5-4：APIのメリット（その3）

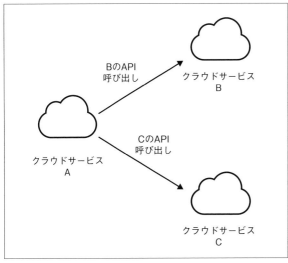

1. クラウドのWeb管理画面などから短時間でリソースの追加、変更、削除が行える（図5-2）
2. APIを呼び出すコマンドラインツールなどを利用して、繰り返しのリソースの追加、変更、削除を行うバッチ処理ができる（図5-3）
3. クラウド内からAPIを呼び出してクラウドサービス間の連携処理ができる（図5-4）

　APIはコンピュータネットワークの発展とともにこれまでさまざまな規格が利用されてきましたが、近年はインターネットで広く利用される**Web API**がAPIのデファクトスタンダード（業界標準）になりつつあり、クラウドの多くはWeb APIをサポートします。

　Web APIは、Webコンテンツのやり取りに利用されるHTTPSプロトコルをベースに、認証やリソース操作などクラウドごとにAPI仕様が定められています。それらのAPI仕様に対応するWeb管理画面やコマンドラインツールを用いてクラウドにアクセスするほか、SDK（Software Development Kit）をソフトウェアに組み込んで、独自のソフトウェアをクラウドに連携させることもできます。各クラウド向けのコマンドラインツールやSDKの多くがクラウドの公式Webサイトで一般に公開されており、それらをダウンロードして利用することができます。

　たとえば、AWSであれば URL https://aws.amazon.com/jp/tools/ で各種ツールが確認できます。

従量課金

　オンプレミスの場合、新しいコンピュータリソースを確保するためにはハードウェアの購入など、ある程度のまとまった初期費用が必要です。クラウドは初期費用が無料で使ったリソースの分だけ課金が発生する**従量課金プラン**が多いため、IoTバックエンドの初期構築にかかる費用を抑えることができます。従量課金プランと上手に付き合うためには、次の3つのポイントを押さえておきましょう。

Part2 技術要素編 IoTシステムの全体像をつかむ

❖課金項目の理解

従量課金プランの項目はクラウドによってさまざまですが、2パターンに大別できます（例にあるプラン名や金額は架空のものです）。

- リソースごとに費目が別れていて、それぞれ課金される個別パターン（図5-5）

  例：CPU 1GHz、メモリ2GBで1時間10円、HDDが10GBで月額100円、ネットワークのデータ転送が1GBで10円

- 複数のリソースの上限がまとめて設定されるパッケージパターン（図5-6）

  例：smallプランでCPU 1GHz、メモリ2GB、HDD 100GB、ネットワークのデータ転送10GBまでがセットで月額1000円

■図5-5：個別パターンの例

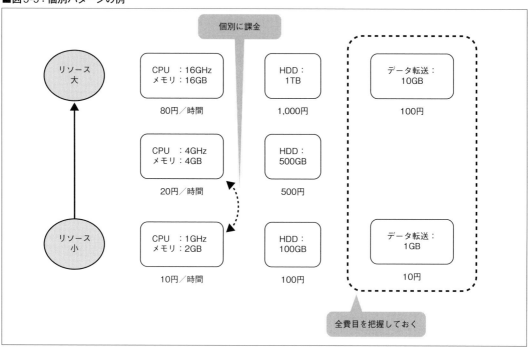

■図5-6：パッケージパターンの例

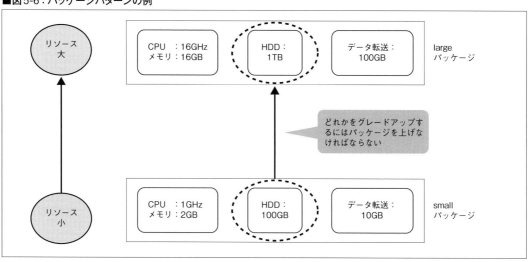

個別パターンでは、例えばネットワークの費目を把握しておらず大量なアクセスによって想定よりもデータ転送に思わぬ請求が発生する場合、パッケージパターンでは一部のリソース上限を上げるために高額な上位プランに移行しなくてはならない場合が挙げられます。いずれの場合も、事前に課金プランをよく理解しておくことでトラブル防止に繋げることができます。

❖割引オプションの検討

多くのクラウドサービスでは、ボリュームディスカウントや長期利用割引などの割引オプションが設定されており、数十％の大きな割引率のものもあります。積極的に活用するようにしましょう。また、業務用途で事業者に相見積もりを依頼する場合は、これらの割引オプションの適用状況を確認しましょう。

❖リソースの消し忘れ防止

課金対象となるリソースの消し忘れによって思わぬ費用が発生することもあります。クラウドには30日など期間限定で無償の試用期間が設定されることがありますが、試用期間の終了後はそのまま有償プランに移行され課金対象となるのが一般的です。また、クラウドが提供する自動構成ツールを利用すると、ユーザが把握しないリソースが他のリソースと一緒に作成され課金対象になることがあるので要注意です。クラウドのWeb管理画面に課金状況を確認するページが用意されていますので、定期的に確認するのがよいでしょう。

クラウドマネージドサービスの活用

オンプレミスでは、IoTバックエンドの構築や開発、運用をユーザ自身やシステム開発会社のほか、システム運用を専門に扱う事業者が行います。一方クラウドではクラウド事業者がそれらのいずれかを担い、サービスとしてユーザに提供します。クラウドの黎明期はAmazon EC2のような仮想マシンをオンデマンドに提供するIaaS（Infrastructure as a Service）

が主流でしたが、最近は用途に特化したクラウドマネージドサービスの利用が増えています。マネージドサービスには用途に合わせた高度な機能や即時での利用開始、サービス事業者による運用が含まれており、利用者は少ない運用負荷でそれらを活用することができます。

IoTバックエンド開発は初期のPoC段階ではなるべく手間をかけずに済むようなスピーディーな構築、本番段階では非常に大きな拡張性が求められます。それらの要件を満たすためにマネージドサービスを活用することは、多くのIoT事例からデファクトスタンダードになっていると言えます。

新たなクラウドサービスの形態：サーバレスコンピューティング

AWS Lambdaの登場を皮切りに、メガクラウドが相次いでリリースしているのがサーバレスコンピューティングです。サーバで動作するWebアプリケーションは常時実行する長いライフサイクル（アプリケーションの起動から終了までの一連の流れ）なのに対して、サーバレスコンピューティングはより汎用で短いアプリケーションライフサイクルを実現する軽量なアプリケーション実行環境を特徴とします。

OSやミドルウェアをサービス事業者が提供するため、運用を省力化できる一方でアプリケーションの実行時間の上限があり、またアプリケーション終了時にローカルストレージの内容が破棄されるなど従来の環境とは異なる特性もあることに注意が必要です。IoTバックエンドとしては、後述のプロセッシングで利用します。

クラウドの設計

IoTバックエンドとしてクラウドを利用するにあたり、さまざまな要件を考慮した設計が必要です。ここではデバイスに搭載したセンサが取得したデータをバックエンドに送信し、バックエンドでデータを保存する**センサネットワーク**を例としてそれぞれを見ていきます。

機能とサービスの選択

センサネットワークのバックエンドでデータを扱うために必要な機能は次のとおりです。

- ディスパッチ（データの受け取り）
- プロセッシング（データ加工などの処理）
- ストアリング（データの保存）

すべての機能を備えたモノリシックなサーバやクラウドサービスを利用するのが最もシンプルですが、それぞれの機能を持つマネージドサービスを連携させるアーキテクチャ注3がお勧めです。ブロックを組み合わせて積み上げるようなイメージから**ビルディングブロック**と呼ばれ、拡張性、柔軟性を持たせ、運用コストを押さえることができます（**図5-8**）。

ディスパッチ

デバイスからの接続を受け付けて送られてくるデータを受け取り、適切なプロセッシングサービスに転送します。AWSが提供する主なディスパッチサービスは次のとおりです。

- AWS IoT Core [URL] https://aws.amazon.com/jp/iot/
  IoT向けにMQTTSプロトコルとWebSocketsプロトコルをサポートするサービス。転送先はさまざまなAWSサービスが選択でき、SQLベースの簡易プロセッシング機能のほか、多数のAWS IoTサービスと組み合わせて利用できます。

- Amazon API Gateway [URL] https://aws.amazon.com/jp/api-gateway/
  Web API向けにHTTPSプロトコルをサポートするサービス。HTTPSリクエストのヘッダやクエリストリングを操作する機能を持ちます。転送先はAWS Lambdaを利用することが多いです。

- Amazon Kinesis Data Stream/Data Firehose [URL] https://aws.amazon.com/jp/kinesis/
  ストリームデータ向けにバッファ機能を持つサービス。FirehoseはS3、Redshiftなどのストアリングサービスへの転送やAWS Lambdaによるプ

ロセッシング機能を持ちます。

❖**同時接続数**

本機能の設計要因としては同時接続数が重要です。Amazon EC2などのIaaSの場合は、ソケット数などOSのネットワークの設定値からアプリケーションプロセスの実行数までさまざまな要因によって最大同時接続数が決まります（**図5-9**）。事前の設計時に正確な値を求めるのは難しいため、負荷試験など検証を行ってそれを踏まえて算出するか、大まかな想定接続数を定めることで対応します。

マネージドサービスの場合は最大同時接続数がサービス仕様として定められていることが多いため、要件を満たすかの判断は比較的容易です。

❖**持続的接続**

また、接続を持続させる場合と都度接続する場合で同時接続数の様子は大きく異なります。持続させる場合は**デバイス数イコール同時接続数**になる一方で、都度接続する場合であれば、デバイスごとに接続するタイミングをランダムにするなど工夫することで、同時接続数を削減することができます。持続的な接続になるかどうかは、通信方式（通信プロトコル）に依ります（**図5-10**）。

❖**デバイスの接続エラー処理**

同時接続数を越える場合に、**バックエンドがどのような振る舞いをするのかも確認しておきましょう。**

バックエンドがエラーを返すのであれば、デバイスからデータを再送する処理を実装することになりますが、一定間隔で繰り返し再送するとその都度同時接続数が超過してしまい、改善されません。再送処理には、エクスポネンシャルバックオフというアルゴリズムを取り入れて実装するのがよいでしょう（**図5-11**）。ただし、複数のデバイスが同時刻に接続す

■**図5-8：ビルディングブロックの例（AWS）**

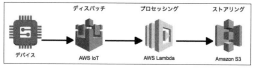

注3) クラウドの設計において、サービスおよびサーバの組み合わせなどを含む大まかな構成のことをアーキテクチャと呼びます。

るようになっていると、間隔は指数的に空くけれどもやはり同じタイミングでの再送を繰り返すことになってしまうため、間隔にランダム性（ジッター）を持たせる工夫も必要です（図5-12）。詳細は次のWebドキュメントも参考にしてください。

- 「AWSでのエラーの再試行とエクスポネンシャルバックオフ」（AWS）URL https://docs.aws.amazon.com/ja_jp/general/latest/gr/api-retries.html

■図5-9：同時接続数の決定要因

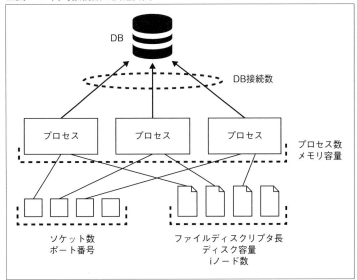

プロセッシング

受け取ったデータを保存および分析に適した形式に処理し、ストアリングサービスに渡します。IoTバックエンドでは、デバイスからのデータ形式が解析しづらいフォーマットのときにゼロ埋めなどデータフォーマットを揃えるほか、異常値の検出やエラーパターンの解析など用途に応じて行う処理はさまざまです。プロセッシングは、データを受け取ってすぐに処理

■図5-10：持続的接続の例（MQTTとHTTPの比較）

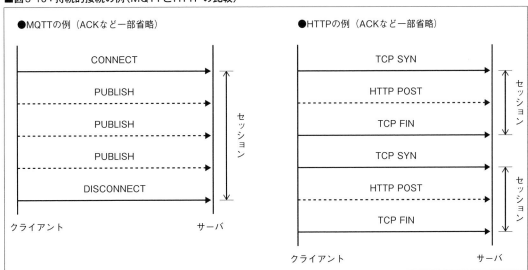

■図5-11：エクスポネンシャルバックオフの例

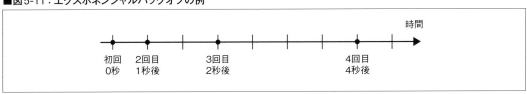

■図5-12：ジッターの例

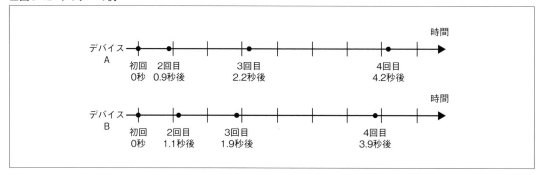

を行う**ストリーミング処理**と一定の間隔を置いてまとめて処理を実行する**バッチ処理**の2種類があります（**図5-13**）。

ストリーミング処理のほうがストアリングサービスに渡る際の遅延が小さく、必要なコンピュータリソースを用意することで拡張性を確保しやすい一方、移動平均や集計など複数のデータを必要とする処理はバッチ処理が向いているため、処理の内容によって使い分けます。

AWSが提供する主なプロセッシングサービスは次のとおりです。

- AWS Lambda URL https://aws.amazon.com/jp/lambda/

Node.js、Java、Python、C#をはじめとするさまざまなアプリケーション実行環境が提供されるサーバレスコンピューティングサービス。AWSの各ディスパッチサービスから呼び出すことができます。呼び出すサービスによってストリーミング処理とバッチ処理のどちらになるかが決まります。

- Amazon EMR URL https://aws.amazon.com/jp/emr/

AWSが運用／管理するHadoopクラスタを利用するサービス。Apache HadoopのほかApache Sparkなどの分散アプリケーションを利用したストリーミング処理やバッチ処理が可能です。

- AWS Batch URL https://aws.amazon.com/jp/batch/

Docker（URL https://www.docker.com/）によるアプリケーションコンテナの実行環境に、ジョブキューやワークフローを組み合わせて利用できるバッチ処理向けサービスです。

アルゴリズムを含めた処理内容をどのように記述するかがサービスの選択ポイントになります。例えば、AWS Lambdaは汎用のプログラミング言語（**リスト5-1**）で記述する一方、EMRはApache HiveやPrestoといった分散処理に特化したクエリ言語（**リスト5-2**）を選択することも可能です。

また、ディスパッチされた大量のデータを効率よく処理するために、分散を十分に考慮したアーキテ

■リスト5-1：LambdaでKinesis Firehoseのデータを抽出、追加するストリーミング処理の例

```
'use strict';
console.log('Loading function');

exports.handler = (event, context, callback) => {
  const output = event.records.map((record) => ({
    recordId: record.recordId,
    data: record.data,
    result: 'Ok',
  }));
  console.log(`Processing completed.  Successful records ${output.length}.`);
  callback(null, { records: output });
};
```

■リスト5-2：EMRでアクセスログを1時間ごとに集計するバッチ処理の例

```
SELECT
  dt,
  hour(tm),
  COUNT(*)
FROM `impressions`
GROUP BY dt, hour(tm);
```

クチャを意識する必要があります。分散させるクラスタ（＝同じ機能を持つコンピュータの集合）ノードの数やデータの分散アルゴリズム、ストアリングサービスへの書き込みの分散など、設計上で負荷が集中してしまう箇所がないか、確認することが重要です。

ストアリング

プロセッシングサービスから受け取ったデータを保存します。次章のアプリケーションからの参照に合わせた保存形式やセキュリティ要件に合わせるための暗号化の有無などからサービスを選択します。AWSでの主なストアリングサービスを示します。

- Amazon S3　URL　https://aws.amazon.com/jp/s3/

オブジェクトストレージと呼ばれる、ファイル単位でデータの保存、読み出しを行うストレージサービス。高いデータ耐久性と安価な価格体系を特徴とし、AWSのストレージサービスの中核を成し

ます。IoTバックエンドでは、プロセッシングサービスからファイル単位のデータの保存先としてよく利用します。

- Amazon RDS　URL　https://aws.amazon.com/jp/rds/

データベースの運用／保守をAWSが提供するRDBMSのマネージドサービス。Multi-AZと呼ばれるフェイルオーバークラスタやバックアップ機能を標準で備え、MySQL、PostgreSQL、MariaDB、MS SQL Server、Oracle DBといった従来のDB製品の他、AWSが独自に開発したAurora（MySQL/PostgreSQL互換）も利用できます。IoTバックエンドでは、デバイスのマスターデータなど検索が必要なデータの保存先として使用できます。

- Amazon DynamoDB　URL　https://aws.amazon.com/jp/dynamodb/

データベースの運用／保守をAWSが提供するNoSQL DBのマネージドサービス。独自のシンプルなAPIを備え、高拡張性、高可用性、高耐久性が特徴です。IoTバックエンドでは、センサデータなど件数が非常に多くなるデータの格納先として使用できます。

これらのAWSサービスはいずれもサーバの高可用性、データの高耐久性機能を持ちますが、IaaSなどでストアリング機能を持つサーバを独自に構築／運用する場合は、サーバやデータの冗長化と運用方法を考慮する必要があります。

■図5-13：ストリーミング処理とバッチ処理の比較

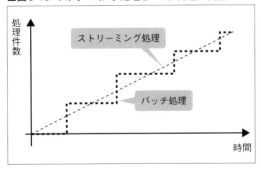

Column

WebとIoTのトラフィック特性の違い

Webのトラフィックは、HTMLからメディアファイル（画像や動画など）への参照が設定されているため、同一クライアントから複数のリクエストがあり、またメディアファイルのデータサイズがHTMLに対して大きいという特徴があります。このため、Webサーバでは、HTTP Keepaliveやコンテンツキャッシュなど通信の効率を上げるための機能がよく利用されます。

IoTのトラフィックは単一のデバイスから一定間隔の単一リクエストでデータを送受信するシンプルなもののため、前述の機能は不要でむしろ無効化するほうが望ましい

場合があります。例えばHTTP Keepaliveが有効だと、バックエンドの接続数が上限に近い状態で推移しているときに、無通信状態にも関わらず特定のデバイスとの接続が持続されてしまうために他のデバイスからの接続が受けられないといった状況が頻発します。

また、接続数やデータ転送量の偏りはWebのトラフィックに比べて小さいので予測がしやすい反面、最大値を超えてしまうと定常的にエラーになってしまうため、接続数の継続的な監視が重要という側面もあります。

Part2　技術要素編　IoTシステムの全体像をつかむ

セキュリティ

IoTシステム全体のセキュリティについては第7章で扱うため、ここではIoTバックエンドのセキュリティ対策について考えます。

クラウドはサービス事業者による厳重なセキュリティ対策が施されており、物理的な侵入や盗難のリスクは非常に低い環境です。ソフトウェアの脆弱性を突く不正アクセスについても、マネージドサービスであればサービス事業者によるソフトウェアの修正が提供されるため、リスクを最小化できます。一方で、Web APIによる操作に必要な認証情報は漏洩してしまうと悪意あるユーザーによってクラウドの構成が不正に操作されてしまうリスクがあるため、ユーザが厳重に管理する必要があります。

自動化

IoTバックエンドの効率的な構築・運用には自動化の仕組みが欠かせません。クラウドはWeb APIを利用するためのツールだけでなく、さまざまな自動化ソフトウェアやサービスと組み合わせることで自動化を実現することができます。例えばクラウドの構成を自動化するAWS CloudFormationやオープンソースの自動化ツールであるTerraformやAnsibleが活用できます。

自動化を初期構築だけでなく、システムの開発や運用フローにも適用する継続的インテグレーション、継続的デリバリーといった手法も多く活用されるようになってきました。IoTバックエンドでもこれらのツールや手法は非常に有効ですので、ぜひ検討してみてください。

運用

IoTバックエンドを安定稼働させるためには、いかに運用していくかを検討する**運用設計**についても考慮が必要です。主な設計項目は次のとおりです。

- 保存したデータの保持ポリシー

 過去1年分というように、保存期限を設定します。無期限の保持も選択肢には挙がりますが、維持コストで折り合いがつけられるかの検討が必要です。

- データのバックアップ方式

 データ冗長化と併せて、特性の異なる別の記憶装置やディザスタリカバリーの観点で地理的に離れた場所へのバックアップ取得を検討します。クラウドの場合は別のデータセンターにバックアップを取得する手法が比較的手軽で有効です。

- ログ管理

 デバイスからのアクセスログやプロセッシングの実行ログについて、データと同様に保持ポリシーおよびバックアップを検討します。障害の原因特定や不正アクセスの証跡などに有用です。

- 障害やメンテナンス時の対応フロー

 冗長構成になっているのであれば予備系への切り替えおよび切り戻し、データロストであればバックアップからの復旧手順などを確認し、手順書を整備します。

- IoTバックエンドとしてのSLA

 エンドユーザに提供するIoTシステムの場合は、SLAを提示することも有効です。ユーザがシステムを評価するための指標として活用できるほか、システム障害時の補償範囲の有限化に有効です。

まとめ

では、この章でご紹介した内容を振り返っておきましょう。

IoTバックエンドはクラウドサービスを利用するのが、拡張性、迅速性の面から最適と言えます。IoTバックエンドとして求められる機能はディスパッチ、プロセッシング、ストアリングの3つで、いずれの機能も拡張性や冗長性など要件に応じた構成、サービス選定が必要です。

デバイスからデータを送信する動作検証程度であれば、IoTバックエンドの設計にそこまでこだわる必要はないかもしれませんが、デバイスの増加や安定した運用を視野に入れ今回ご紹介した設計ポイントを加味することで、手戻りが少なく手間のかからないIoTバックエンドシステムに育てていくことができると思います。

76

Part2 技術要素編
IoTシステムの全体像をつかむ

Chapter6
アプリケーション

IoTで生み出す価値を何倍にもできる

本章では、IoTにおけるアプリケーションの位置づけやニーズを説明し、加えて最新動向などを見ていきます。アプリケーションはアイデア次第でIoTシステムの価値を上げることができます。

鈴木 貴典
SUZUKI Takanori
[mail]takanori@acroquest.co.jp　[GitHub]takanorig
[Twitter]@takanorig

アクロクエストテクノロジー株式会社にて、ビッグデータやIoTに関するプラットフォーム開発やコンサルティングに従事。最近は、IoTに関連して、サーバレスアーキテクチャやリーン思考などに興味を持っている。

広がるIoTアプリケーションの活用

IoTは、すでにさまざまな分野での活用が進んでおり、そこで必要とされるアプリケーションも多岐に渡ります（図6-1）。デバイスなどから収集されたデータを、ユーザや企業にとって価値あるものとするためにも、アプリケーションの内容は非常に重要になります。

ただ、一言でIoTといっても、導入される業界や職種によって、その用途やかたちも大きく異なっています。例えば、領域別に見てみると、次のようなサービスが登場しています。

日常生活

❖ ヘルスケア

体重や血圧、睡眠状況などのデータを使った健康管理を行います。体重計などで知られるタニタは、インターネットに接続可能な体重計により、体重や体脂肪率、基礎代謝量などを自動で記録し、健康管理に利用できるようにしています。

❖ コネクテッドホーム

家庭内の機器がネットワークで繋がり、家電を音声で操作したり、外出先などから遠隔操作できるようになります。2017年1月に米ラスベガスで開催されたCES（Consumer Electronics Show）では、Amazonの音声アシスタント技術であるAlexaを搭載した製品が約700個も発表され、大きな反響を呼んでいます。

そのAlexaを搭載したAmazon Echoや、同種の製品であるGoogle Homeなど、音声アシスタント機能を有するデバイスが製品化されており、今後、家電との連携や家庭内での情報端末としての活用が期待されています。

交通／商業

❖ テレマティクス

トラックなどの商用貨物車から走行データをインターネットを経由して収集／分析する「フリートマネジメント（車両管理）」による配送状況のリアルタイムでの確認や、燃費向上によるコスト削減、急発進／急ブレーキなどの運転の良し悪しを基準にした新たな形態である「テレマティクス保険」などが登場しています。

■図6-1：広がるIoTアプリケーションの領域

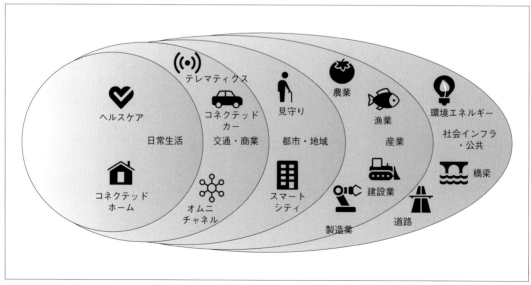

❖コネクテッドカー

最近では、自動車自体がインターネットに繋がるようになってきており、コールセンターと連携した音声サービスや車両に対するリアルタイムでの情報配信などを可能にしています。また、昨今では、自動車メーカー各社が自動運転の実現を競っており、その精度を向上させるためのデータ活用が期待されています。

❖オムニチャネル

来客者の行動やニーズをデータで把握し、顧客に対するサービス性向上や販売促進などに繋げる動きが強まっています。

松屋銀座では、ネット上に仮想のショールームを設け、ネット上で気に入った商品を実店舗に取寄せ、試着などの確認ができるサービスや、実店舗の入り口などに得意客や見込み客が近づくと、その人のスマートフォンにセールなどのお得な情報が送信されるサービスを展開しています。

地域／都市

❖見守りシステム

子供や高齢者の生活や動きの様子をセンサでモニタリングし、異常状態の検知や安心安全な生活のサポートを行います。

伊丹市と阪急阪神ホールディングスが協同で開発した「まちなかミマモルメ」では、ビーコンを活用して、伊丹市内全域における子供や高齢者の見守りシステムを実現しています。

❖スマートシティ

スペインのバルセロナ市では、市内全域をカバーするWi-Fiで接続されたスマートパーキングメーターを導入することにより、駐車可能スペースの空き状況のリアルタイム提供や駐車料金のスマートフォンでの支払いなどを可能にしており、都市全体でのIoT化が進んでいます。

産業

❖センサやドローンを活用した農業

これまでは経験に頼る部分が大きかった農業ですが、センサやドローンを利用して農地や農作物の状況をモニタリングすることで、散水や肥料散布などを効率的に行ったり、収穫量や品質の向上に繋げられるようにしています。

❖工場のロボットや機器などの設備保全

製造業などにおける工場では、ロボットや機器自体が高価であったり、故障時の製造ラインへの影響が大きかったりするため、稼働状況などのデータを元にして、それらの設備の異常検知や部品交換タイミングの予測などが行われるようになっています。これまでも、メンテナンス自体は行われてきているケースがほとんどだと思われますが、これまでは定期的にメンテナンスを行う「時間基準保全」から、IoTの導入により、対象の設備の状態に応じてメンテナンスを行う「状態基準保全」に変わってきています。

社会インフラ／公共

❖建造物のモニタリング

人々の生活のライフラインを守るために、地震発生時の構造物への影響や老朽化の解析などが行われています。

東京湾の若洲と中央防波堤を結ぶ東京ゲートブリッジでは、変位計／ひずみ計／加速度計／風向風速計／桁内温度計など合計で48個のセンサを橋梁内に設置しており、地震などが発生した際に、橋への影響を即座に解析できるようにしています。これにより、大地震による通行止めから利用可能と判断できるまで、仮にすべて目視で点検すると6時間程度かかるのを、30分程度にまで短縮することを実現しています。

このようにさまざまな分野でIoTアプリケーションが活用されていますが、これらは、IoTの登場に伴い、センシングやデータ分析を活かして、効率化や新た

な価値を提供するようになったものと言えるでしょう。ただ、これらのアプリケーションは、分野は異なっていても、IoTとして実現している内容には共通点も見られます。続いて、それらについて説明します。

IoTの成熟度モデル

IoTアプリケーションは、整理すると次にような特性を1つ、もしくは複数備えています。

- モニタリング／可視化（Monitoring & Visualizing）
- 制御（Control）
- 自動化（Automated）
- 最適化（Optimized）
- 自律性（Autonomous）

これらは、それぞれ独立したものではなく、段階的に拡張されていくものと考えると、アプリケーションの特性や拡張が理解しやすいでしょう。また、段階が進むと、提供できる価値もより大きなものになっていきます（図6-2）。このような段階的なモデルを、本書では「IoT成熟度モデル」と呼ぶこととします。

モニタリング／可視化

IoTの多くは、インターネットを介して、遠隔地に存在する「モノ」を扱うことになります。そのため、センサを通じて収集した情報を元に、対象となるモノの状態や動作をモニタリングしたり、その内容を可視化することは欠かせません。

収集されるデータをリアルタイムに可視化するだけでも、サービスの価値を向上させられるケースは多くあります。京都市営バスでは、バス車両に設置したビーコンと、京都市全体で導入が進んでいる無料の公衆Wi-Fi網を利用して、バスの運航状況を利用者にリアルタイムで案内するサービスを提供しています。国内だけでなく海外からも観光客が多い京都では、観光客向けの便利なおもてなしサービスと言えるでしょう。2020年開催予定の東京オリンピックに向けて、このようなIoTアプリケーションが多く登場するのではないでしょうか。

また、製品開発や工場においては、収集されたデータによって、製品や機械などの実際の使われ方や稼働状況を詳細に把握することが可能になります。これにより、故障する前にその状況を把握し部品交換を可能にしたり、次の製品開発に役立てたりすることが可能になります。

制御

モニタリング／可視化が実現されると、そこで収

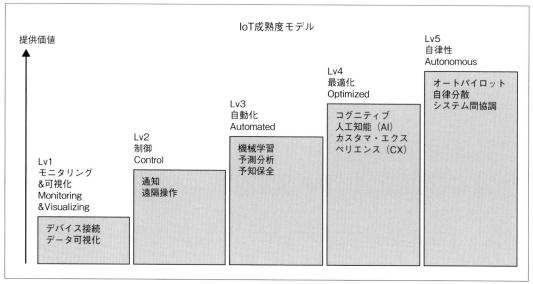

■図6-2：IoT成熟度モデル

集されたデータを元に、人による遠隔操作や、事前に指定したルールによって「モノ」を制御することが可能になります。

例えば、農業では、畑やビニールハウス内の温度や水分量を元に、適切なタイミングで散水や肥料を与えることが可能になります。また、米シアトルで実際に起こった出来事として、盗難された車両を遠隔ロックし、犯人を内部に閉じ込めた後に警察が無事逮捕する、などということもありました。これも、遠隔から制御した例ですね。

ただし、逆にこのような制御機能を悪用されることもあるため、セキュリティについては十分に注意が必要になります。

自動化

機械学習やディープラーニング（深層学習）の技術を利用すると、高度化されたデータ分析や制御が可能になり、人手を介さずに自動でさまざまな処理や操作を行うことが可能になります。IoTのアプリケーションとしては、すでに実用段階に入っており、さまざまな分野で機械学習の技術を利用したIoTの導入が活発に行われています。

これは、センサにより「モノ」の詳細な動きや状況を把握することで、より精度の高いデータ分析が実現できるようになっており、単にデータを可視化するだけでなく、設備の異常検知や将来予測、画像解析による動態分析などといったことも可能になってきているためだと考えられます。

データの収集／活用を実現するIoTと、データに基づきパターンや関係性などを抽出する機械学習の技術との親和性は非常に高く、これまで人が解釈したり、判断したりしないと実現できなかったようなことも、自動で行えるようになります。

最適化

機械学習の更なる応用としてAI（人工知能）がありますが（本章では、機械学習 < ディープラーニング（深層学習） < AI（人工知能）の順で、より高度な判断や分析を行えるものとして説明しています）、その利用が進むと、単に自動化するだけでなく、状況や条件に応じた最適な振る舞いを実現することが

可能になるでしょう。工場のロボットが、製造する製品の内容や出荷の状況を踏まえて、最も生産力が高くなる方法を自動で選択できるようになる、などのことです。

さらに、最近では、「コグニティブコンピューティング（Cognitive Computing）」や「IoA（Internet of Ability）」といった概念も登場しています。

「コグニティブ」とは「認知」や「認識」を表す言葉ですが、「コグニティブコンピューティング」とは、ある課題や事象に対して、人の頭脳のようにコンピュータ自らが考え、学習し、解を導き出すシステムのことを指します。IBMの「Watson」や、Appleの「Siri」、Microsoftの「Cortana」など、すでにみなさんにとっても身近な技術になってきています。まだ、実際の業務で活用されているケースは少ないですが、このような技術を活用することで、その場の状況に応じた最適解を得ることが可能になるでしょう。

また、「IoA（Internet of Ability）」という言葉は、東京大学の暦本純一教授が提唱しているものですが、IoTにより「モノ」が「能力（Ability）」を持ち、さらにそこに人間が関わることで、人間の能力がネットワークを超えていったり、人間と人工知能の能力が融合したりといったことが実現される、という概念です。重い荷物を持ったり、障害を持つ人のリハビリ用などで、人の動きをアシストするようなロボットも登場していきていますが、さらにネットワークを介して情報をやり取りすることで、現場にいる作業員と遠隔地にいる専門家が感覚を共有して作業を行ったりすることも可能になるでしょう。

自律性

モニタリング／可視化、制御、自動化、最適化などの機能が融合されると、それを有する「モノ」は、高い自律性を備えることになります。高い自律性を備えた「モノ」は、オペレータなども不要になるため、危険な場所での作業を可能にしたり、関連する他のシステムと協調して調達／製造／流通／販売などの一連のサービスを自動で行ったりすることが可能になります。ここまで行くと、まるで映画のような世界ですね。

ただ、必ずしも夢物語というわけでもありません。

IoTという言葉が世の中に出てくる前から、建設機械にGPSを取り付け、遠隔監視などを実現してきている建設／鉱山機械メーカーのコマツでは、鉱山で無人での採掘を可能にするシステム／建機を所有するジョイ・グローバル社を2016年に買収しました。これにより、機械の稼働最適化、遠隔操作、無人化を進め、鉱山現場の安全および生産性の大幅な向上に貢献するそうです。

成熟度レベルとビジネス領域の変化

IoT成熟度レベルが向上すると、多くの場合、ビジネスの対象領域も変わってきます。

図6-3は、農業用のトラクターがIoT化されることにより、どのように変わっていくのか、ということを示したものです。トラクターのメーカーは、IoTを導入することにより、最初はモニタリングや可視化から始まるかもしれませんが、そのアプリケーションが次第に高度化していき、他の農業機器との連携をすることで生産性を向上させたり、最終的には農業全体をIoTによって最適化する農業オートメーションのビジネスを展開することになるかもしれません。これは、トラクターを製造する機械のメーカーが、IoTのアプリケーションを活用して、農業自体のやり方を変える可能性がある、ということになります。

このように、IoT成熟度レベルが向上すると、その企業や業界によっては、ビジネスの仕方や仕組み自体が変わっていくことが考えられます。IoTアプリケーションの開発をするうえでも、どのようなビジネスを考えるのかによって、必要となる内容も変わってくるでしょう。

IoTで変わるデータ利活用

IoTで扱われるデータは、センサによる信号／数値データだけではありません。カメラ画像や音声データなども扱ったり、また、それらを組み合わせて利用するケースもあります。そのような中で、IoTアプリケーションは、収集されたデータを利活用するための重要なインタフェースとなります。

デジタルトランスフォーメーション（DX）

「デジタルトランスフォーメーション（Digital Transformation）」とは、「ITの浸透が、人々の生活をあらゆる面でより良い方向に変化させる」（Wikipediaより）という概念を指します（図6-4）。

今後の世の中は、あらゆるところでデジタルデータが収集され、それを活用することで、ビジネスだけでなく人々の生活まで、さまざまな分野で変革が起こるとされています。この言葉は、2004年にスウェーデンのウメオ大学のエリック・ストルターマン教授が"Information Technology and the Good Life"という論文の中で提唱されたことが始まりとされています。「DX」と略されたりしますが、「デジタルトラン

■図6-3：事業領域の変遷

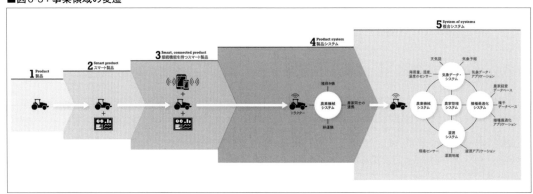

出典：Michael E. Porter and James E. Heppelmann（2015）、IoT時代の競争戦略、HarvardBusiness Review 2015年4月号

スフォメーション（Digital Transformation）」という言葉には「X」は含まれていないですね。「X」はどこから来たのでしょうか？ 筆者の推測ではありますが、これは「UX：User Experience」や「CX：Customer Experience」という体験や変革に関する言葉の流れを組んでいると思われます。

「デジタルトランスフォーメーション」は、IoTに限った話ではないのですが、デジタルデータの収集のために、IoTが重要な位置づけとなることは間違いないでしょう。そのため、IoTアプリケーションも、デジタル化によって、既存の業務や従来では不可能であったことが、どのように課題解決できるかが重要になってきます。

■図6-4：デジタルトランスフォーメーション

出典：IDC FutureScape：世界と国内のIT市場 2016 Predictions ーデジタルトランスフォーメーションの規模拡大を牽引せよ、IDC #JPJ40589015、2015年12月

データ量とトランザクション量

ビッグデータやクラウドの普及、および、それをベースにしたIoT技術の進化により、これまではサンプリングでしかデータを取得していなかった「モノ」の詳細データを取得したり、遠隔地にある「モノ」の状況を把握したり、さらに、それらをリアルタイムに収集することが可能になりました。これにより、収集されるデータの質も量も大きく変わり、収集されたデータを分析してビジネスや人々の生活に活かすニーズは高まるばかりです。

ただ、業界によって、データの発生量などは大きく違ってきます（図6-5）。例えば、農業では、温度や土壌の水分量を測定する場合、それらは数秒で大きく変わることはなく、数分〜数十分間隔で取得しても十分な精度が得られるケースが多いでしょう。一方、製造業で工場の設備のデータとして、振動や電流値の測定する場合、1秒以下で取得する必要があるケースも多くあります。

同じセンシングを行うにしても、データ量によって処理の仕方は変わってきます。もちろん、データ量が多くなれば、その処理の難易度も上がっていきます。

そのため、IoTアプリケーションでは、利用されるユースケースやデータ分析の精度を考慮して開発する必要があります。

■図6-5：データトランザクション量

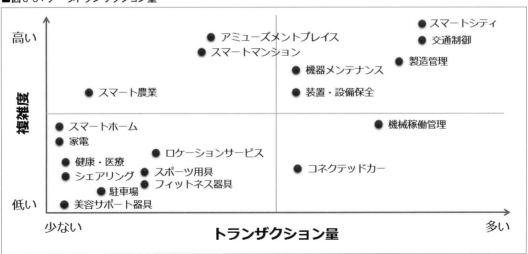

出典：IoTに求められるIT基盤 OSSを利用したリアルタイム・ビッグデータ・ソリューション、Red Hat、2016年3月

エッジコンピューティング

IoTの普及に伴い、昨今では「エッジコンピューティング」にも注目が集まっています。これらはIoTアプリケーションの開発をする上で、理解しておくと良い概念です。

「エッジコンピューティング」とは、デバイス自体、もしくはデバイス側に小規模なサーバなどを設置して、そこで処理を行う、というものです。デバイス数やデータ量の増加に伴い、すべてのデータをクラウドに送信することが困難になったり、自動車やロボットなど、即時の制御を求められる分野では、データを受信して解析・制御するまでのタイムラグが問題になってきます。それを解決するためのアーキテクチャが「エッジコンピューティング」になります。ArduinoやRaspberry Piなどにセンサを繋いで、そこで一次処理をして通信をするような形態も、エッジコンピューティングの一種と言えます。

エッジコンピューティングの活用方法としては、例えば、データを一次解析して、特定のパターンに合致する場合のみクラウドにデータを送信したり、データ分析において、クラウド上で機械学習のモデルを作成し、その判定をエッジ側で行う、といったことが考えられます。振動センサのデータや、製造業の現場で多く利用されるPLC(プログラマブル・ロジック・コントローラ)から取得されたデータなどは、1秒間に数十〜数千といったデータが発生します。これを、そのままクラウドで処理することも可能ですが、データ量が膨大過ぎるため、現実的には無理が生じるでしょう。このようなデータを、エッジ側で一次処理を行い、その結果のみをクラウドに送信するようにすることで、通信コストの削減や、効率の良い処理を実現することができます。

このように、柔軟で豊富なリソースを活用できるクラウドコンピューティングと、リソースは限られているが即座に処理を行えるエッジコンピューティングとで、両者の特性を活かしたハイブリッドなIoTアプリケーションを構築することが可能になります。IoTアプリケーション開発時の選択肢として、そのようなアーキテクチャを採用することも視野に入れて考えておくとよいでしょう。

IoTアプリケーション設計時のポイント

ここまでは、IoTアプリケーションに期待される要素や活用例などを見てきましたが、IoTアプリケーションを開発するうえでポイントとなる事項を説明します(もちろん、クラウドやセキュリティなどの重要な観点もありますが、それらは他章に譲ります)。

■図6-6：エッジコンピューティング

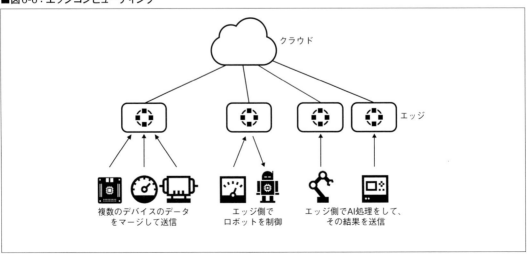

データ収集のスループット

まず対象となるデータが、どの程度の頻度で発生するのか、もしくは、どの程度の頻度で処理することでアプリケーションの利用者にとって価値が出るのか、を確認する必要があります。

例えば、工場内の状況を可視化するIoTアプリケーションとして、気温や湿度をモニタリングするとした場合、それらのデータは急激な変化は起こりにくいため、収集の頻度は1分間隔でもよいでしょう。一方、工場内の設備管理のIoTアプリケーションとして、ロボットや機械設備の状態を、振動計や電流計を利用してモニタリングするとした場合、数秒～1秒以下の間隔で収集する必要があるかもしれません。このように、同じ工場向けのアプリケーションでも、対象とするものによって、そのスループットが数倍～数十倍異なるケースもあります。

これらデータ収集のスループットの違いによって、アプリケーションとして必要な処理やリソースも大きく変わってきますし、ビジネスモデルにも影響が大きいため、特に注意が必要になります。

データ処理のレイテンシ

データの発生から、そのデータをアプリケーションとして処理するまで、どの程度のレイテンシ（遅延）が発生するのかも、注意しておく必要があります。常にリアルタイムにデータの収集から処理まで行えたら便利かもしれませんが、デバイスの性能やネットワークの制約上、必ずしもデータはリアルタイムに収集できるとは限りません。アプリケーションは、その内容を把握したうえで設計する必要があります。

例えば第4章で説明したLPWA（Low Power Wide Area Network）を用いる場合、日本ではサブギガ帯域と呼ばれる920MHz帯を使用します。この帯域は、電波法により通信時間や通信間隔に制限があり、連続的なデータ送信ができず、数秒間隔での通信になります。また、コネクテッドカーの場合、車両の中では数百ミリ秒～数秒間隔でデータを収集していますが、一時的にデータをキャッシュし、数分間隔でデータをクラウドに送信する、という処理を行っていたりします。

このように、データが発生したタイミングと、それが処理可能になるタイミングは異なるため、アプリケーションとしては、データに付与されたタイムスタンプはどの時点のものなのかを意識したり、処理可能になるまでのレイテンシを考慮する必要があります。これは第3章で説明したように、IoTシステムのどの部分でメタデータを付与するか、という問題にも関わってきます。

デバイスとアプリケーションの トレードオフ

上記で、対象となるデータのスループットやレイテンシに注意することが必要、と書きましたが、デバイス側でどこまで処理をして、アプリケーション側ではどこから処理をするのか、ということの検討も重要になります。

最近では、カメラも、単に写真を撮るだけでなく、人の年齢や性別などを分類できるような機能を備えたようなものも存在しています。一昔前であれば、アプリケーション側で解析することが必要であった内容ですが、高度化されたデバイスによって、そのようなことも実現できるようにようになってきています。

そのため、精度やコストを考慮して、デバイスとアプリケーションのトレードオフを検討する必要があります。

データ分析の実現性

最近は、機械学習、ディープラーニング（深層学習）、AI（人工知能）などのキーワードは、経済誌や一般ニュースでも取り上げられるようになり、エンジニアでなくともある程度知られているものになってきています。その分、IoTの導入現場でも、「機械学習やディープラーニングを使えば、人ではわからないようなすごいことができるんでしょう？」というような話を聞いたりします。間違いとまでは言いませんが、過度の期待が誤解を産んでいるケースもあるようです。

IoTアプリケーションでデータ分析のニーズは非常に多いのですが、内容をよくヒアリングすると、機械学習などを利用してもすぐには効果が得られない状況もあります。

例えば、工場内に設定された機械設備で、製造

Part2 技術要素編 IoTシステムの全体像をつかむ

された年式が異なっていたりすると、機械設備自体も省エネ化されていたり、部品の強度も変わっていたりして、同種の機種でも振る舞いが変わっていたりします。機械学習でそれらのデータを分析しようとしても、ベースとなる特徴が異なる、同一に扱うことができなかったりします。また、異常の検知をしようとした場合、そもそも、何が正常で何が異常かが不明なこともあります。

そのため、まずはデータ測定から開始したり、機械学習の中でも「教師なし学習」と呼ばれるアルゴリズムを活用したりといったことが必要になります。顧客やユーザが実現したいことと、分析対象の状況に応じて、どのような分析が実現可能かの検討が必要になります。

エコシステム

IoTサービス全体としては、デバイス管理、データ収集／変換／保存、データ分析、アクチュエータ制御、課金など、多くの機能が必要になってきます。これらをすべて開発していると、開発スピードが遅くなったり、開発コストが高くなってしまったりするため、1社でそのような内容をすべてまかなうことは困難です。そのため、企業間連携であったり、既存のサービスをうまく活用したりすることが重要になっています。

クラウドサービスとしては、PubNub[注1]といったメッセージ配信サービスがあったり、Amazon Machine Learning[注2]、Azure Machine Learning[注3]といった機械学習のマネージドサービスなども存在するため、そのようなものを活用して素早くアプリケーションを構築することが求められます。

また、開発するアプリケーション自体も、他のシステムから呼び出される可能性も大いにあります。そのためのAPIを用意するかどうかについても、事前に検討しておいたほうがよいでしょう。

注1) **URL** https://www.pubnub.com/
注2) **URL** https://aws.amazon.com/jp/machine-learning/
注3) **URL** https://azure.microsoft.com/ja-jp/services/machine-learning/

課金モデル

課金モデルは、ビジネス化を検討するうえで、アプリケーションへの影響が大きいものです。

IoTサービスの場合、接続されるデバイス数に基づいたり、処理するデータ量（件数／サイズ）や、処理のスループットに基づいたり、課金の形態もさまざまです。

これらの課金の元になる情報は、アプリケーションで測定できるようにしておく必要のある場合が多くあります。そのため、あらかじめ課金モデルを検討しておき、開発するアプリケーションがそれに対応できるようにしておくとよいでしょう。

IoTアプリケーションの実際

ここからは、具体的にIoTアプリケーションとして行うデータ処理の内容をいくつか紹介します。

異常検知

センサデータを元に、異常を検知するようなケースは、IoTの典型的な例の1つと言えるでしょう。

建物や工場内に設置された機械や設備に対して、部品の摩耗や振動などのデータをモニタリングすることで、その異常状態がわかります。これにより、機械や設備が停止してしまう前に、部品を交換して正常運転を継続できるようにすることが可能になります。

電力や鉄道などの社会インフラ分野では、機械や設備の故障などは、人々のライフラインに直結することにもなるので、異常をすばやく検知できるようにすることは、とても重要になります。

❖時間基準保全と状態基準保全 (図6-7)

従来でも、機械や設備などが故障しては困るので、何かしらの対策はしている場合がほとんどです。例えば、定期的に点検をしたり部品を交換したり、ということを実施しているケースは多いでしょう。自動車でも、2年に1度（新車の場合は3年）、車検を実施して点検／整備をすることが法律で定められています。

このように、一定の間隔でメンテナンスを実施して信頼性や品質を維持する方式を、「時間基準保全」もしくは「定期保全」（TBM：Time Based Maintenance）と言います。この方式は、過去の経験や実績に基づき、その内容に安全率を考慮して実施されるので、定期点検による人件費や早期の部品交換によるコストなどが必要以上に発生することもあります。また、何かしらの要因でメンテナンスのタイミングよりも早く故障するような場合には対応できません。

IoTの活用により、この方式を見直す動きが強まっています。モニタリングにより状態をリアルタイムに把握できるようになることで、劣化や異常の傾向を把握し、その状態に応じてメンテナンスを実施することが可能になってきました。この方式を「状態基準保全」（CBM；Condition Based Maintenance）と言います。設備の信頼性や品質を確保しつつ、コスト削減を考慮した最適化を図れます。

状態基準保全の考え方自体は、1970年代ごろからあるようですが、IoT化に伴う技術革新により、センサとネットワークが繋がったり、そのコストダウンが進んできたため、実用化できるものが増えてきました。もちろん、センサの耐久性や精度なども影響するため、モニタリングの対象によってはすぐに移行するのは難しい場合もあるかもしれませんが、今後広がっていく方式だと考えられます。

異常検知の3つのタイプ

異常検知は、センシング対象の目的や特性によって、適切な手法を適用する必要があります。ここでは、代表的な次の3つの異常検知手法について説明します。

❖外れ値検出

通常センサが取りうる値の範囲、もしくは予測される値の範囲から外れたデータ点を検出する手法です（図6-8）。例えば、工場内に同種の機械が複数あり、そこで製品を製造している場合に、ある機械

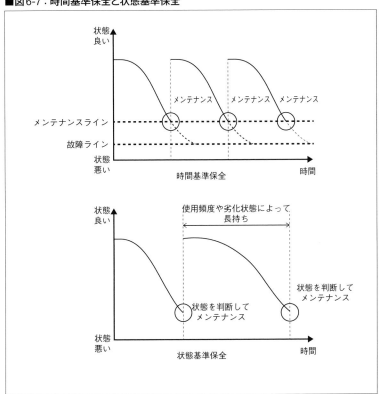

■図6-7：時間基準保全と状態基準保全

■図6-8：外れ値検出（例）

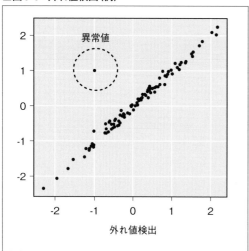

だけが不良品が多く、異常があると考えられる際などに利用できます。

❖ 変化点検出

時系列でみた場合に、過去と比べて急に大きな変化が発生した時点を異常と見なし、その時点を検出する手法です（図6-9）。例えば、Webサービスのアクセス解析で、外部から攻撃を受け、急にアクセス数が増えた場合などの異常を検出するのに用いられます。

❖ 異常部位検出

周期性のあるデータに対してあるタイミングだけ周期が乱れたり、複数データの相関関係が通常と異なる状態にあったりするケースを検出する手法です（図6-10）。例えば、通常、一定の動作をするロボットで、異常があったことを自動で検出したい場合などに利用されます。

ただし、センシング対象の状況によっては、単純にこれらの手法を適用するだけではうまくいかないケースもあります。実際の導入現場では、昼と夜とで傾向が違ったり、季節による温湿度の変化による影響があったりします。そのような条件を考慮して、異常検知の手法を適用する必要があります。

画像認識

スマホのカメラアプリなどで、人間の顔認識ができるのは最近では当たり前になりつつありますが、単に写真を撮るだけでなく、物体を認識できるというのは実はすごいことだです。画像から特徴を検出し、パターンマッチングを行うことを「画像認識」と言いますが、IoTの活用の1つとして、顔認識だけでなく、画像に写っている内容を自動で解析して、識別するようなことが期待されています。

当然、人が画像を見れば、大抵の内容は識別可能だと思いますが、それをIoTにより自動化することで、監視カメラの映像から従業員を特定し、それ以外の人が入室した際にアラートを出すなどのセキュリティに活用したり、カメラを搭載したロボットが、商品の画像を元に自動で仕分けをしたり、といった

■図6-9：変化点検出（例）

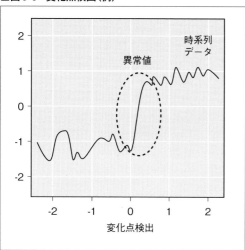

■図6-10：異常部位検出（例）

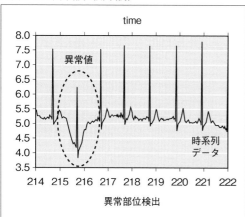

Chapter6　アプリケーション

ことが可能になります。

画像認識とディープラーニング

　画像認識は、ディープラーニングがマッチする分野の1つです。ディープラーニング以前の従来型での機械学習の手法でも、ある程度の画像認識は可能ですが、精度が大きく異なります。従来型の機械学習の手法では60%前後だった認識率が、ディープラーニングの手法を利用することで90%以上の認識率に向上したような例もあります。

　このような精度の違いは、学習の仕方が異なる点にあります。例えば、ディープラーニング以前の従来型の機械学習で色や形状を認識するには、その情報を人間が定義して、それを元に画像から対象を識別させる必要がありました。一方、ディープラーニングでは、学習データとなる画像を元に、コンピュータ側が自動的に特徴を抽出して、それを元に対象を識別させることになります。

　本誌では、詳細な解説は割愛しますが、最近はディープラーニングに関する書籍や記事なども増えてきておりますので、ぜひ、それらを参考にしてみてください。

■図6-11：Amazon Rekognition デモ

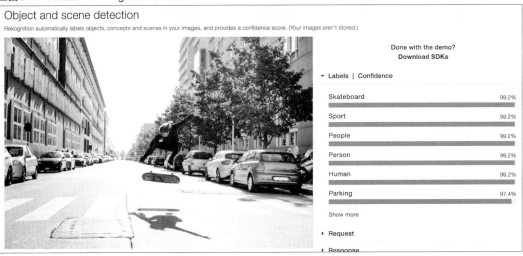

■図6-12：Amazon Rekognition 渋滞画像

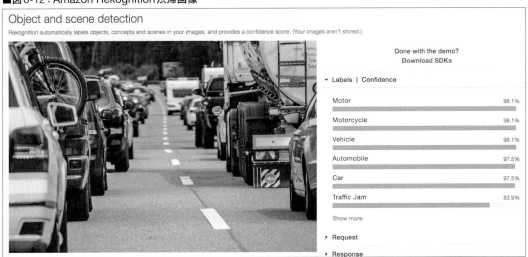

Part2 技術要素編 IoTシステムの全体像をつかむ

❖画像認識による写真の自動分類

さて、先述のような精度の高い画像認識をするためには、とても複雑なことが必要に思われるかもしれませんが、このような技術が普及し出している背景には、近年、ディープラーニングのフレームワークなどがオープンソースで提供されたことが挙げられます。日本において有名なものとしては、Googleが公開している「TensorFlow」や、Preferred Networks社が公開している「Chainer」などがあります。

さらにそのような状況の中、2016年11月に開催された「AWS re:Invent」では、ディープラーニングを利用した画像認識のクラウドサービスである「Amazon Rekognition」も発表され、ディープラーニング自体を詳しく知らなかったり、実行環境を準備しなくても、APIを通じて画像を送るだけで、画像認識をできるようになりました。

「Amazon Rekognition」では、毎日数十億枚もの画像を分析しており、数千もの物体やシーンから学習されているそうです。そのため、すぐに画像を識別させることが可能です（独自に画像認識の処理を開発した場合は、開発者が画像を学習させる必要があります）。ということで、早速「Amazon Rekognition」のデモを実行してみました。

図6-11の左側には対象の画像、その右側には分析結果として画像の属性が表示されています。「Skateboard（スケートボード）」「Sport（スポーツ）」という分類が得られました。「People（ピープル）」「Person（パーソン）」「Human（ヒューマン）」は、スケボーをしている人を認識しているようですね。さらに「Parking（パーキング）」と出ています。車ではなく、駐車をしている状態を認識しているのは面白いですね。

では、駐車と似たような車の渋滞画像はきちんと識別できるのか、試してみました。あえて、左右に車が連続しているような画像を選んでみました（図6-12）。すると、「Parking（パーキング）」という分類はなく、きちんと渋滞を示す「Traffic Jam(トラフィックジャム)」が分類として出てきていますね。

このようにして、写真の中に何が写っているか、自動で分類されています。人の目で見れば当たり前のことに思われるかもしれませんが、複数の物体が写っていたり、配置が似ているが異なる状況であったりする内容を判別できているのは、人の認識に近いことが実現できていると感じます。

単なる写真のタグ付けではなく、今後、業務の効率化やセキュリティ、防災など、いろいろなシーンでの応用が期待できます。

まとめ

この章では、IoTアプリケーションに関して、どのような特性があるのか、どのようなことに注意する必要があるのか、といった内容について解説しました。

さまざまな業種での課題を解決したり、新しい体験を利用者に提供したりと、IoTアプリケーションが生み出す価値は、アイデア次第で無限大の可能性があります。機械学習やAI（人工知能）に関する機能もクラウドで提供されるようになっているため、ビジネスにおけるニーズを素早くキャッチし、アプリケーションを素早く開発したり、段階的にアプリケーションを拡張したりすることが成功のポイントとなってきます。そのようなときに、本章で解説した観点などが活きれば幸いです。

Part2 技術要素編
IoTシステムの全体像をつかむ

Chapter7
セキュリティ

脅威の現実と防御へのアプローチ

本章では、IoTが広まりつつある世界でどのようなセキュリティインシデントが発生しているのか、また、IoTを安全に使えるようにするためにはセキュリティの観点ではどのようなことを考慮しなければならないかについて解説します。

竹之下 航洋
TAKENOSHITA Koyo　[GitHub]KoyoTakenoshita　[Twitter]@koyo_take

株式会社ウフルにてIoTイノベーションセンター所属IoTアーキテクトとして市場啓発活動やセキュリティリスクに関する啓もう活動を行う傍ら、プロダクト開発本部でIoTデバイス向けプラットフォーム製品開発のテクニカルリードも行う。好きな言葉は「普通のやつらの下を行け」。

IoTのセキュリティリスクは現実のものとなっている

2016年6月、セキュリティ企業のSucuri社がそのブログで、ボットネットによる大規模なDDoS攻撃が発生していることを報告しました[注1]。とある小さなジュエリーショップのWebサイトに対し、毎秒5万回のHTTPリクエストが何時間にも渡って行われ、Webサイトがダウンするインシデントが発生したというのです。

単なる中小企業のWebサイトに対し、このように大規模な攻撃が長時間続くことは一般的ではないため、Sucuri社が攻撃の詳細を調査したところ、攻撃元はインターネットに接続された約2万5,000台のCCTV（監視カメラ）だということが判明しました。攻撃は台湾、米国、インドネシア、メキシコ、マレーシアなど世界中の国々に設置された、複数のメーカーのCCTVが構成するボットネットから行われていたのです。

何十億、何百億というデバイスがネットワークに繋がるIoTの世界では、一度問題が起きればその被害が甚大になると予想されるため、かねてより、セキュリティリスクが指摘されてきました。しかしながら、セキュリティ対策にかかるコスト、利便性とのトレードオフ、サービス提供者および利用者双方の認識の甘さなどさまざまな理由で、脆弱性のあるIoT機器が流通してしまっているのが現状です。

Sucuri社が報告した事例は、IoT機器に脆弱性があれば、それを乗っ取り、ボットネットを構成し、大規模な攻撃を実施することが可能であることを証明しました。IoTのセキュリティリスクが机上のものではなく、現実の脅威となったのです。

ボットネットの脅威：Mirai

Sucuri社が発見した脆弱なIoT機器のボットネットによる大規模なDDoS攻撃は、留まることなく、その後も広がりを見せています。

2016年9月には、Brian Krebs氏のWebサイト「Krebs on Security」に対して毎分620Gbpsの[注2]、フランスのホスティング事業者OVHに対しては毎分1Tbps[注3]という、かつてない規模のDDoS

注1)「Large CCTV Botnet Leveraged in DDoS Attacks」 URL https://blog.sucuri.net/2016/06/large-cctv-botnet-leveraged-ddos-attacks.html

注2)「KrebsOnSecurity Hit With Record DDoS」 URL https://krebsonsecurity.com/2016/09/krebsonsecurity-hit-with-record-ddos/

注3)「Record-breaking DDoS reportedly delivered by >145k hacked cameras」 URL http://arstechnica.com/security/2016/09/botnet-of-145k-cameras-reportedly-deliver-internets-biggest-ddos-ever/

■図7-1：Miraiボットネットの構成

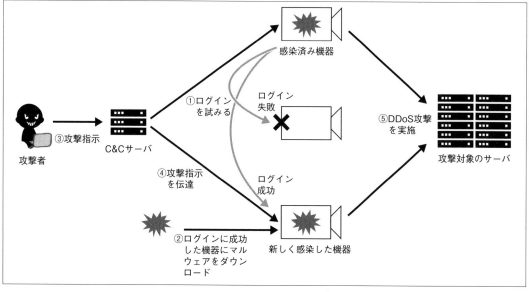

攻撃が仕掛けられました。さらに、2016年10月には、Twitter、SoundCloud、Spotify、Redditなどの名だたるサービスが、主に米国で利用できなくなるという事件が発生しました[注4]。各社が共通して使用していたDNSサービスのDynがDDoS攻撃を受けダウンしたことが原因です。

これらの攻撃の少なくとも一部には、「Mirai」と呼ばれるマルウェアが使用されたと見られています（図7-1）。なんとこのマルウェアは、ソースコードが公開されています。ソースコードを公開した人物はAnna-senpaiと名乗り、それまでにリバースエンジニアリングで推定されていた攻撃手法の誤りを指摘し、「正しい」攻撃システムの構築方法まで指南するという親切ぶりです。公開されたソースコードを分析すると、Miraiがどのようにボットネットを構成し、史上最悪のDDoS攻撃を実現したかを伺い知ることができます。

Miraiが狙うのは、インターネットに接続され、Linuxを搭載しており、かつ、**脆弱なパスワードが設定された機器**です。

Miraiはランダムに生成したIPアドレスに対しTelnet接続を行い、あらかじめ保有している辞書に記載されたユーザ名とパスワード（**表7-1**）でログインを試みます。ユーザ名とパスワードが"root"と"root"など機器のデフォルト設定でありがちな組み合わせから、"12345"など安易に設定しがちなパスワード、"xc3511"、"dreambox"、"realtek"など特定の機器を狙ったものとみられるパスワードでログインを試みています。

なお、Miraiはソースコードが公開されてしまったことから亜種が発生しており、ログインの試行に用いられるユーザ名とパスワードの組み合わせも多様化しています。**表7-1**に示したユーザ名／パスワードの組み合わせ以外なら安全というわけではありませんので、ご注意ください。

ひとたびログインに成功すれば、Miraiはマルウェアの実行ファイルを対象の機器にダウンロードします。ダウンロードされたマルウェアはC&Cサーバ[注5]に接続し、攻撃指示を待ちます。Miraiが実行できる攻撃には、UDPフラッドやSYNフラッド、HTTPフラッドなどDDoS攻撃として一般的なものから、Valve社が提供する3Dゲームエンジン「Source Engine」を狙いうちしたもの、DDoS攻撃対策を回避するためかGRE（Generic Routing Encapsulation）という現在ではあまり利用されないプロトコルを利用したものなどがあり、バラエティに富んでいます。

マルウェアの実行ファイルはC&Cサーバからの指示によって攻撃を実行するだけでなく、先述したようにランダムに生成したIPアドレスに対しスキャンを行い、感染を広げていきます。

Anna-senpaiのHacker forumへの投稿には、「お金を稼いだが、IoTが多くの注目を集めたため撤退する。（I made my money, there's lots of eyes looking at IOT now, so it's time to GTFO.）」との記述があり、ボットネットによる攻撃は金銭目的であったことが伺えます。

世間には、「DDoS攻撃請負業者」が存在し、金銭（ときにはBitcoinなどの仮想通貨）の対価としてDDoS攻撃を実施しているとも言われています。これは、攻撃を受ける側にとっては頭の痛い問題です。

Miraiマルウェアは自動で感染を広げていくため、攻撃側は費用をかけずに日々攻撃能力を増していくことができます。一方で、防御側がDDoS攻撃に対応しようとした場合、クラウドサービスのオートスケー

注4）　**URL** https://krebsonsecurity.com/2016/10/ddos-on-dyn-impacts-twitter-spotify-reddit/

注5）　Command and Control サーバの略で、攻撃者がリモートから攻撃を指示するためのサーバ。

■表7-1：Miraiが使用するユーザ名とパスワードの例

ユーザ名	パスワード
root	root
root	default
root	12345
root	xc3511
root	dreambox
root	realtek
root	（パスワードなし）
root	admin
admin	admin
admin	admin1234
admin	（パスワードなし）
user	user
guest	guest

リングやロードバランサのみではまったく歯が立たないレベルの攻撃であり、より大きなコンピューティングリソースとネットワークリソースを確保し、WAFやクラウドベースのファイヤーウォールなど最新の対抗策を導入せざるを得なくなります。攻撃コストは時間とともに低くなり、防御コストは上昇するという不均衡が発生している状況です。

Miraiの攻撃は脆弱なパスワードに対する単純な辞書攻撃です。それでは、強固なパスワードを設定すれば攻撃が完全に防げるかというと、残念ながら攻撃者はすでに次のステップに進んでいます。例えば、Miraiの亜種でWindowsサーバを狙うものは、Telnetだけでなく、SSH、WMI、SQLインジェクション、IPCを使って感染を拡大していきます注6。

今は、簡単で効果が出やすいところから狙われて攻撃されているだけです。今後、IoT機器が増加し、攻撃者側の費用対効果が合えば、より高度な攻撃も仕掛けてくることが予想されます。

閉域網内への攻撃：Stuxnet

Miraiの事例では、インターネットにさらされた機器が狙われました。それでは、機器をオープンなインターネットに接続せず、クローズドなネットワーク内、いわゆる閉域網内に閉じれば安全なのでしょうか？残念ながら、そう簡単な話でもありません。

閉域網内に閉じていた機器が攻撃を受け、安全が脅かされた事例として、「Stuxnet」を紹介します（図7-2）。

Stuxnetは2009年から2010年にかけて、イラン国内の核燃料施設でウラン濃縮用遠心分離機を破壊する、という物理的実害を引き起こしたマルウェアです。機密情報を盗み出すことを目的とした攻撃ではなく、安全を脅かすことを目的とした（そして成功した）攻撃という点、外部ネットワークから遮断された環境への攻撃が可能であることを示した点において、エポックメイキングな出来事でした。

Stuxnetは、次の手順を踏み、閉域網内にあるPLC注7を不正に操作することに成功しました。

1. エンジニアやメンテナンス事業者のUSBメモリを経由して、管理PCに感染

注6) URL https://securelist.com/blog/research/77621/newish-mirai-spreader-poses-new-risks/

注7) プログラマブルロジックコントローラ。主に産業用機器の制御を行う専用コンピュータのこと。

■図7-2：核燃料施設のネットワーク構成とStuxnetの攻撃

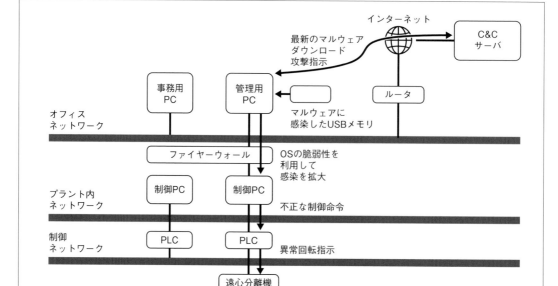

Chapter7 セキュリティ

2. 管理PCと接続されたSCADAシステム[注8]（制御用PC）に感染
3. 制御用PCから周波数変換装置を操作するPLCを不正操作
4. 遠心分離機を異常回転させ、過負荷状態にして破壊

まず最初にUSBメモリを管理PCに接続させるために、標的型攻撃が行われたといわれています。Stuxnetマルウェアに感染したUSBメモリを駐車場にわざと落としておくことで、「誰かの落とし物か?」と思った職員がそれを拾い、中身を確認するためにPCに接続すると、PCが感染するという仕掛けです。

この際、リムーバブルディスク内のLNK/ONFファイルを自動実行してしまうWindows OSの脆弱性[注9]が利用されました。StuxnetをUSBメモリに仕込む際には、rootkit化して、メディアが感染していることをユーザが認識できないように正規のメーカーの証明書により電子署名されたドライバを利用するなどの細工が施されていました。

また、不正動作検出を行うアンチウィルスソフトでマルウェアが検出されるのを回避するテクニック（DLLをロードする際のバイパス）なども利用しており、ユーザがUSBメモリに不審を抱くことがないよう、入念に準備されていたことが伺えます。

PCに感染したマルウェアは、権限昇格を伴うリモートコード実行を許すOSの脆弱性[注10]を使い、ネットワーク内へ拡散していきます。StuxnetはC&Cサーバと通信し、最新版のマルウェアをダウンロードしたり攻撃を実行可能とする機能を備えていました。また、直接的に外部と通信できない箇所に感染したStuxnetも、P2Pプロトコルを使いネットワーク内の他のStuxnetと通信し、自分自身を最新バージョンにアップデートできるようになっていました。

最終的に、PLCを操作する制御用PCに感染したStuxnetは、PLCとの通信を行うDLLを置き換え、

PLCとの通信に不正なコマンドを挿入し、あるいは、コマンドを置き換え、PLCを不正に操作することができるようになります。そして攻撃者からの指示を受け、遠心分離機に接続されたPLCに対し異常な回転数になるようコマンドを発行することで、遠心分離機を過負荷状態にして、破壊することに成功したのです。

このように、入念に計画された攻撃にさらされた場合、例えIoT機器すべてを閉域網の内部に置いたとしても、絶対に安全と言い切ることはできません。むしろ、閉域網内は安全であると過信し、網内の機器のセキュリティアップデートを怠るなどした場合、被害が深刻になる可能性も秘めています（Stuxnetが使用したWindows OSの脆弱性は、その時点でセキュリティパッチが提供されていたものもあったことを忘れてはなりません）。

IoT機器への攻撃の目的は?

IoT機器への攻撃の目的が妨害や破壊である場合、目的が達成されたら、攻撃されていたことが露見するため、まだましな部類であると言えます。例えば、工場内のネットワークに侵入したマルウェアが破壊活動を行わず、その工場の生産情報を外部に送信し続けるという動作をしたらどうなるでしょうか? あるいは、家庭向けの見守りサービスで、センシングした情報が通信経路の途中で盗聴されていたとしたら?

盗聴を行い分析することが目的の場合、大規模な情報漏洩となったり、プライバシーが侵害されていても気づかないまま過ごす可能性もあり、より深刻です。

セキュリティ対策の基礎

これまでに見てきたように、IoTが現実のものとなった世界では、セキュリティ対策をしっかりと講じないと、甚大な被害をもたらします。悪意のある攻撃者の視点でみると、豊富なコンピューティングリソースが世界中にばら撒かれるIoTは、格好の攻略対象です。ひとたびIoTシステムに侵入し、そのコントロールを得たならば、そこから大きな利益が得られるため、攻略のインセンティブは高まっています。

注8) 複数のPLCを接続し、システム全体の監視とプロセス制御を行う。

注9) CVE-2010-2568: Microsoft Windows Shortcut 'LNK/PIF' Files Automatic File Execution Vulnerability

注10) CVE-2010-2729: Microsoft Windows Print Spooler Service Remote Code Execution Vulnerability
CVE-2008-4250: Microsoft Windows Server Service RPC Handling Remote Code Execution Vulnerability

改訂新版 IoTエンジニア養成読本 **95**

IoTは、第2章から第5章で説明してきたように、デバイス、ネットワーク、クラウドにまたがる多くの技術要素で構成されます。攻撃者は少しでも攻撃が容易な、つまりはぜい弱な箇所を見つけ攻撃を仕掛けてくるため、セキュリティ対策は、これらの要素すべてに対し一貫して漏れなく実施する必要があります。

防御対象の理解

IoTのアプリケーションはヘルスケアやコネクテッドホームなど身近なものから、産業用途、インフラまで多岐に渡ります。また、その規模も、数台程度の機器からのデータを扱う小さなものから、何万何十万台という機器が接続される大規模なものまで多様です。そのシステム、あるいは、システムで扱うデータの重要性とその規模に鑑み、対策のレベルを検討する必要があります。

例えば、温度データを扱う場合を考えてみましょう。農業IoTで、温度を収集するシステムを構成したとします。温度を収集する対象が露地栽培の畑であった場合、温度データが通信経路の途中で盗聴され、中身を盗み見られた場合、どのような問題が起きるでしょうか?

もし、対象の畑が一つであった場合、大した問題は起きないでしょう。例え温度データを盗み見られたとしても、そのデータに意味を見出すのは、精々となりの畑の所有者ぐらいです。システムの正当なユーザにとっての不利益は何もありません。

しかしながら、同じ温度データでも、厳密に温度管理を行っている温室のデータであれば、その重要度は異なります。どのような範囲に温度を保てば、あるいは、どのような温度変化を与えれば、作物が期待通りに育つかということがノウハウである場合、温度データが盗聴され、中身を盗み見られることはノウハウの流出を意味します。

また、露地栽培の畑のデータであっても、少数の畑のデータには大きな意味はないかもしれませんが、日本全国の畑の温度データであれば、気象予測など別の用途に使える可能性が出てきますので、意味のあるデータとなってきます。その場合は、データを盗み見るインセンティブが働きますので、適切に保護する必要があります。

このように、重要性と規模によって、対策の要否あるいはレベルも変わってきます。

また、何を守るためにセキュリティ対策を実施するのか、という観点も重要になってきます。一般に、情報セキュリティとは、気密性(confidentiality)、完全性(integrity)、可用性(availability)を維持することと定義されています[注11]が、IoTでは、安全性(safety)とプライバシーを守るという観点からも、セキュリティを考える必要があります。

- 機密性(confidentiality)
  情報へのアクセスを認められた者だけが、その情報にアクセスできる状態を確保すること
- 完全性(integrity)
  情報が破壊、改ざん又は消去されていない状態を確保すること
- 可用性(availability)
  情報へのアクセスを認められた者が、必要時に中断することなく、情報及び関連資産にアクセスできる状態を確保すること

IoTシステムに脆弱性があった場合、安全性が脅かされるということは、Stuxnetの事例で示したとおりです。他にも、自動車をハックして不正にリモートから操作できることを示した事例も公開される[注12]など、安全性に対する懸念は増しています。特にクラウドからエッジにあるアクチュエータに対し何等かの操作を行うことが可能なシステムの場合には、安全性に対する慎重な考慮が求められます。

プライバシーを守るという観点からは、データの適切な保護、特にアクセスコントロールが重要なことは言うまでもありません。適切な権限を持った人あるいはシステムだけが、必要最小限のデータにアクセスできるようにするべきです。必要に応じて、データに匿名化処理を行うことも有効でしょう。

IoTに特殊な事情として、データに暗号化を施すなどの対策を実施していたとしても、通信の傍受によりプライバシーが侵害されることがある点にも考

注11) **URL** https://ja.wikipedia.org/wiki/情報セキュリティ
注12) **URL** https://www.wired.com/2016/08/jeep-hackers-return-high-speed-steering-acceleration-hacks/

慮が必要です。例えば、コネクテッドホームで高齢者の見守りを行うシステムを構築したとします。利用者に負担をかけず、行動を見守る有効な方法の一つが、ドアの開け閉めをモニタリングすることです。しかし、単純にドアの開け閉めが発生したタイミングでデータを無線で送信する仕組みにしてしまうと、データの中身が暗号化されていたとしても、データが発生したことが分かるだけで、攻撃者にとっては十分です。

入念にカウントすることで、風呂やトイレに入っているタイミングを計り知ることができますので、その間に窃盗を働くといったことも可能になるかもしれません。このような「イベントに応じたデータの送信」は、その中身がわからなくても、イベントが発生したことそのものが（攻撃者にとっては）重要な意味を持つこともありますので、注意が必要です。

攻撃ベクトル

さて、攻撃者は、どこから攻撃を仕掛けてくるのでしょうか？ 結論からいうと、システムの境界から攻撃を仕掛けてきます。IoTはその定義からして、さまざまなシステムをネットワークを介し繋げて構成するシステム・オブ・システムズとなります。その繋がったシステムの境目が狙われるのです。

システムの境界がどこにあるのか、第2章で使用したIoTシステムの全体像の図（**図7-3**）を用いて考えてみます。

❖クラウド

アプリケーションがクラウド上に構成されている場合、データのディスパッチからプロセッシング、ストアリングといったクラウド内で完結する処理の間に割り込んで攻撃するというのは現実的ではありません。攻撃を行うならば、アプリケーションサーバと利用者との境界であるユーザインタフェース（Webアプリやモバイルアプリ）、管理者向けコンソールか、他システムとの境界であるAPIを狙うことでしょう。

この場合、システムに侵入するためには、認証認可を潜り抜ける必要があります。例えば、Stuxnetの例では、適切な権限を持ったユーザに管理用PCにログインさせて認証を通り抜けた後、USBメモリから侵入を果たしています。Webアプリや管理者向けコンソール、APIがインターネットに公開されている場合は、USBメモリを接続するなどの物理的手段を取る必要がなく、リモートからの攻撃が可能となるため、恰好の攻撃対象となります。

■図7-3：攻撃ベクトル

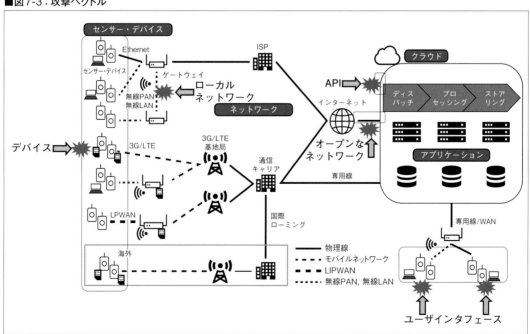

Part2　技術要素編　IoTシステムの全体像をつかむ

❖ネットワーク

アプリケーションとデバイスの境目、あるいは、センサデバイスとゲートウェイの境目となるネットワークも、攻撃の対象となります。アプリケーションとデバイスの間の通信プロトコルとして、HTTPSではなくHTTP、MQTTSではなくMQTTなど、暗号化されていないプロトコルを使用する場合は、例えばWiFiルーターを経由する際など、ネットワーク経路の途中でデータの盗み見、改ざん、あるいは詐称といった攻撃を行われる危険があります。

また、センサデバイスとゲートウェイの境目のネットワークで利用されるプロトコルは、有線接続の場合はそもそも暗号化されていないレガシーなプロトコルを利用しているものも多く、物理的なアクセスを許した場合は、攻撃対象となります。

センサデバイスとゲートウェイの間では、無線通信を用いることも多くなっていますが、例えばBLE（Bluetooth Low Energy）のAdvertising Packetを使ったブロードキャスト通信注13など、暗号化されていないプロトコルを利用しているシステムも散見されます。

暗号化されていない無線通信のプロトコルは、デバイスに直接触ることはできなくても、近くに行くことさえできれば盗聴が可能なため、暗号化されていない有線ネットワークよりも危険です。

❖デバイス

最後に、デバイスそのものについて考えてみます。デバイスがインターネットに直接つながっており、リモートからのアクセスが可能な場合、さまざまな危険性があります。

まず考えられるのが、Miraiが利用したような、デバイスの管理コンソールへの攻撃です。デバイスは、リモートからの管理ができるように、管理コンソールとしてWebサーバやTelnetサーバ、SSHサーバといったネットワークサービスを提供している場合があります。これを利用し、単純に管理コンソールへ侵入して乗っ取りを行うといったことや、管理コンソー

注13）Bluetoothを使ったいわゆるビーコンは、このブロードキャスト通信を行っています。

ルへのDoS攻撃を行ってデバイスを使用不能にするといった攻撃が考えられます。

ネットワークへの攻撃でも触れましたが、IoTではデバイスが家庭内や各種インフラなどあらゆる場所に設置されることになるため、デバイスに物理的にアクセスされた場合の対応も考えておく必要があります。デバイスには、JTAGなどのデバッグ用インタフェースが有効になったままのものもあり、それを利用してデバイス内のデータの吸出しやファームウェアの書き換えといった攻撃が行われる可能性もあります。

さらには、デバッグ用インタフェースがなくても、デバイスの基板上に実装されたチップを取り外してデータを吸い出したり、書き換えたりすることも技術的には可能です。Miraiのように金銭的な目的を持った攻撃の場合は、1つひとつの攻撃対象にコストをかけては割に合いませんので、リモートから一斉に攻撃可能な手段が用いられます。一方で、Stuxnetのように特定の施設、組織を狙った攻撃や、あるいはストーカーのように特定個人を狙った攻撃など、たった1つのデバイスにアクセスできれば目的が達成可能であれば、あらゆる手段を講じてデバイスに対する攻撃が行われる可能性があります。

前章で述べたように、重要性と規模に応じて、どこまでの対策が必要なのか、慎重に検討する必要があります。

IoTのセキュリティ防御アプローチ

攻撃者がどこから攻撃を仕掛けてくるかを理解したうえで、次は、どのように防御するのかを考える必要があります。

具体的なセキュリティ対策の実装は深い専門知識が必要となりますので、本章ではIoTシステムを防御する上での基本的な考え方について説明します。

アプリケーションレイヤの保護

アプリケーションレイヤからの攻撃を防ぐために、まず実施すべきなのは、一般的な情報セキュリティ

対策です。

　Miraiの事例では、「推測が容易なパスワードを使用しない」というパスワード管理の原則を守っているデバイスは、踏み台にされていません。すべてのデバイスのユーザがこの原則を守っていれば、これほどの大規模なDDoS攻撃は発生しなかったかもしれません。

　また、Stuxnetの事例では、Windows OSの脆弱性を利用されてネットワーク内への侵入を許していますので、「セキュリティアップデートを実施する」という基本的なシステム管理を行っていれば、被害は防げた可能性があります。

　たとえIoTシステムであっても、アプリケーションレイヤのセキュリティ対策は一般のWebシステムと変わりありません。特にクラウドを利用したシステムの情報セキュリティ対策には、多くの知見が蓄積されています。アクセスコントロールを適切に行い、WAFや侵入検知などの対策を丁寧に行うことで、アプリケーションレイヤからの侵入は防ぐことができるでしょう。

ネットワークの保護

　アプリケーションとデバイス間のネットワークの防御に関しては、クローズドネットワークアプローチと、オープンインターネットアプローチの2つの考え方があります。

　クローズドネットワークアプローチは、そもそもデバイスにリモートからアクセスされるから攻撃されるのであって、デバイスとの間のネットワークは外部に公開しない閉域網にしてしまおうという考え方です。

　オープンインターネットアプローチは、コストや汎用性を鑑みて、なんとか工夫してインターネットをそのまま活用しようという考え方です。

　それぞれのネットワーク保護のアプローチを説明するために、セルラー通信を利用したIoTシステムの構成例（図7-4）を説明します。

　セルラー通信を利用する場合、ゲートウェイからインターネットに出るまでのネットワークは、いわゆるキャリア網を通ります。日本では、NTT DocomoやSoftbank、KDDIなどの通信事業者が管理するネットワークです。このネットワークは厳重な管理下に置かれていますので、その途中への攻撃は、まず考えられません。

　攻撃者が攻撃を仕掛けるとしたら、キャリア網を出てからアプリケーションがあるサーバに至るまでのインターネット網を狙うことになります。例えば、アプリケーションサーバがAPIを提供していれば、そのAPIに対して、デバイスになりすましてアクセスを試みるかもしれません。デバイスがグローバルIPアドレスを持っている場合には、Miraiが行ったように、デバイスに対してランダムアクセスを行い、ログインを試みるかもしれません。このようなリモートからの攻撃が可能なのは、ひとえにインターネットに公開されているからです。

❖クローズドネットワークアプローチ

　そのような攻撃を不可能にする、クローズドネットワークアプローチの構成例として、ソラコム社が提供するサービスを利用したネットワーク構成を図7-5に示します。

■図7-4：セルラー通信を利用したシステムのネットワーク構成

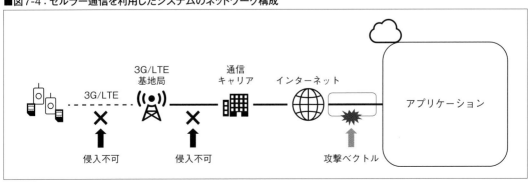

図7-5の例では、キャリア網からソラコム社が管理するコアネットワークまでは、専用線を用いた閉域網で接続されています。また、ソラコム社のコアネットワークから、アプリケーションがあるサーバまでは、クラウド内接続、インターネットVPNもしくは専用線で接続されています。このようなネットワーク構成とすることで、攻撃者はデバイスとアプリケーションの間のネットワークに侵入することはできなくなり、攻撃ベクトルそのものが消滅します。

❖オープンインターネットアプローチ

クローズドネットワークを構成できればネットワークに対する攻撃は防げるのですが、IoTシステムはその適用範囲が広いため、残念ながら、かならずしもネットワークをクローズドにできるとは限りません。例えばスマートホームにおいて、家庭のWi-Fiを利用する場合は、デバイスとアプリケーションサーバとの間の通信はインターネットを経由することになります。このような場合には、オープンインターネットアプローチをとることになり、最低限、盗聴対策、なりすまし対策、改ざん対策を行う必要があります。

例えば、デバイスがクライアント、アプリケーション側がサーバとなっているシステム構成では、PKIとSSL/TSLといったインターネット上のWebサービスで実績のある仕組みを用いることができます（Webサービスではクレジットカード番号など、秘密にしなければいけない情報をたくさんやり取りしているので、IoTの文脈でも活用できることは当然のこととも言えますが）。

❖PKIとSSL/TSL

PKIとSSL/TSLの仕組みを用いて、どのように盗聴、なりすまし、改ざん対策がなされるのか、基本的な仕組みを簡単に説明します（図7-6）。

SSL/TSLでは、クライアントからサーバに対して通信の開始をリクエストします。すると、サーバはサーバ証明書をクライアントに対して送ります。サーバ証明書には認証局（CA）による電子署名が付与されていますので、クライアントは署名を検証して証明書が信頼できるものであるか確認します。認証局によるサーバ証明書への電子署名や検証には、公開鍵（Public Key）暗号という仕組みを使いますので、このサーバ認証を行い、なりすましを防ぐ仕組みをPKI（Public Key Infrastructure）といいます。なお、どの認証局の署名を信頼するかという情報（認証局リスト）は、あらかじめクライアント（デバイス）が持っておく必要があります。

サーバ証明書を受け取り、サーバが信頼できるものであると認証できたら、クライアントはサーバとの間で鍵交換という仕組みを用いて、データの暗号化

■図7-5：ソラコム社のサービスを利用したクローズドネットワーク

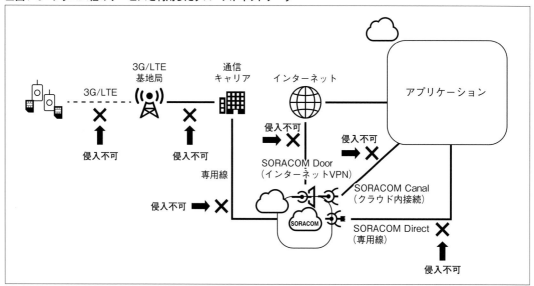

に用いる共通鍵（セッション鍵）を共有します。データを暗号化することによって、通信の途中に割り込んだ中間者がデータを読み取っても中身がわかりませんので、盗聴を防ぐことができます[注14]。

また、SSL/TSLではデータの送受信を行う際にMAC（Message Authentication Code）というものを付与し、データの改ざんを防ぎます。MACは送受信したいデータ本体とシーケンス番号や鍵交換の際にクライアントとサーバで共有したシークレット情報を元に算出できるハッシュ値です。ハッシュ値は元のデータ（SSL/TSLの場合には、送受信したいデータ本体とシーケンス番号、シークレット情報を合わせたもの）から計算することは容易ですが、ハッシュ値から元のデータを推測したり、特定のハッシュ値を持つデータを狙って作り出すことが難しいという特性を持っています。

SSL/TSLでは、シーケンス番号やシークレット情報といったクライアントとサーバしか知らない情報を使ってMACを生成することで、通信の途中に割り込んだ中間者がデータを変更したり、存在しないデータを送りつけたりしても、受け手側が正規のデータではないことを検出可能としています。これにより、データの改ざんを防ぎます。

デバイス保護

クローズドネットワークアプローチ、オープンインターネットアプローチに共通した課題として、ネットワークに接続されているデバイスが正規のものであることを、どのようにして確認するかというデバイス認証の問題があります。

例えば、デバイスからアプリケーションのAPIを叩く際、どのデバイスからのアクセスか判別するために、個体ごとに個別化されたAPIキーと事前に取り決めたシークレット情報とをAPIコールに含めるという対応を行うことがあります。この場合、APIキーとシークレット情報はデバイス内に保持しておく必要があります。攻撃ベクトルの節で説明したように、もし、デバイスへの物理的なアクセスが行われ、デバ

注14）データの中身はわからなくても「通信を行っていること自体」は中間者には漏れてしまいますので、「防御対象の理解」での議論の通り、「イベントに応じたデータ」を送信する場合には、注意しなければなりません。イベントが発生したこと自体を知られることがプライバシーの侵害等にあたる場合は、本当はデータが発生していないときにもあえてデータを送信したり、データの発生タイミングとデータの送信タイミングをランダムにずらす、イベント発生ごとに送るのではなく複数回のイベントをまとめて送るなどの対策も検討してください。

■図7-6：SSL/TSL通信概要

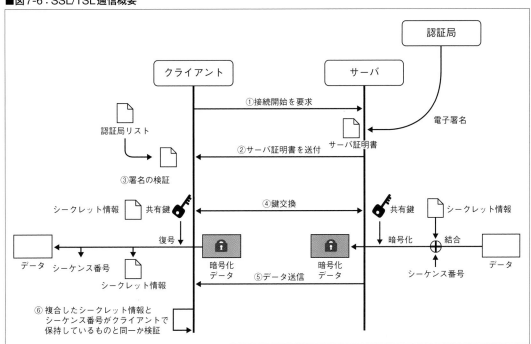

イス内の情報を読みだすことが可能であったら、APIキーとシークレット情報をコピーして正規のものではないデバイスからの不正なアクセスを許すことになります。

SSL/TSLには、クライアントからみてサーバ認証をする仕組みと共に、サーバから見てクライアントを認証する仕組みも備えています。クライアント認証ができるのであれば、それがすなわちデバイス認証となるようにも思えますが、IoTデバイスの場合には、そのまま利用することはできません。

SSL/TSLを用いた通信開始シーケンスの途中でサーバ認証やクライアント認証に用いられるPKIでは、認証局を信頼の起点（Root Of Trust）とし、認証局が署名した証明書を持っているサーバあるいはクライアントは信頼できるという信頼の連鎖（Chain Of Trust）を辿ることで、通信相手が信頼できるかどうかを判定します。

これは、サーバ内の情報は権限を持ったユーザしか書き換えられないということと、クライアント（例えばPCやスマートホン）の管理者はユーザ自身であり信頼できるという前提があって成り立ちます。さまざまな場所に設置される可能性のあるIoTデバイスでは、物理的なアクセスが想定されるため、クライアントの管理者（デバイス内の情報を読み書きできる人）を信頼できるという前提が成り立たないので、別な方法で信頼の起点を確保する必要があります。

❖トラストアンカー

このような機能を持ったデバイスの構成要素のことをトラストアンカーといいます。トラストアンカーは、その名前のとおり、デバイスに信頼の起点を埋め込みます。

例えば、デバイスとアプリケーション間のネットワークとしてセルラー通信を使用する場合には、SIMをトラストアンカーとして使うことができます。SIMカードは耐タンパ性という特性を備えており、その中身を書き換えることは容易ではありません。

再びソラコム社のサービスを例に、SIMがどのようにトラストアンカーとして機能するか見てみましょう（図7-7）。

セルラー通信を行う通信モジュールは、IMEI（International Mobile Equipment Identity）というユニークな識別番号を持っています。また、SIMはIMSI（International Mobile Subscriber Identity）というIMEIとは別のユニークな識別番号を持っています。

IMEIがデバイスに固有な番号、IMSIが回線に固有な番号といえます。セルラー通信を行う場合、どのIMEIをもったモジュールが、どのIMSIを持ったSIMを使用して通信しているか、通信キャリアは

■図7-7：IMEI/IMSIを用いたデバイス認証

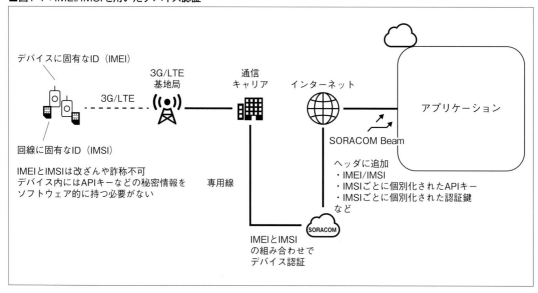

知ることができます。

ソラコム社の提供するセルラー通信サービスSORACOM Airでは、その情報をユーザにも公開しています。SORACOM AirではSIMごとにさまざまな設定を行うことができますが、「IMEIロック」という機能を使用すると、あるSIMが特定のIMEIを持ったモジュール以外で行った通信をすべてブロックすることができます。つまり、通信モジュール（≒デバイス）と、SIM（＝回線）の組み合わせを固定できます。

また、SORACOM Beamという機能を使うと、デバイスからの通信を特定のエンドポイントに転送することができるのですが、このときにヘッダにIMSIやIMEIを含めたり、任意のヘッダを付与する機能を有しています。

これらの機能を使うと、IMEI/IMSIの組み合わせでデバイス認証を行い、Beam転送時にAPIキーを付与することで、デバイスに秘密情報を保持せずにアプリケーションサーバとの通信を安全に行う、ということを実現できます。

❖ セキュアエレメント

トラストアンカーとしてSIMを使えない場合、TPM（Trusted Platform Module）チップを用いる場合もあります。TPMチップはSIMと同様に耐タンパ性を備え、改ざん不可能な固有のIDを持っていたり、内部に暗号鍵を保管して秘密情報を安全に管理する機能などを持っています。

SIMやTPMなどを総称してセキュアエレメントと呼びます。確実なデバイス認証を行うためには、デバイスがなんらかのセキュアエレメントを持っている必要があります。

❖ セキュアブート

デバイス認証と併せてデバイスのセキュリティで問題になるのが、デバイスのファームウェアを不正に書き換えられたらどうなるのか、という根本的な問題です。

ネットワークに繋がることが前提のIoTデバイスでは、セキュリティフィックスや機能追加、バグ修正などのために、ファームウェアアップデート機能を提供することは、必須の要件となります。しかし、その機能を悪用されたり、あるいは、散々指摘してきているように物理的にアクセスされファームウェアを不正に書き換えられた場合、デバイスから送られてくるデータはもはやまったく信頼できません。

いかにネットワークを保護したり、デバイス認証を行ったとしても、ファームウェアが書き換えられてしまったら、それらの努力は無に帰します。

ファームウェアが改ざんされていないことを保証す

■図7-8：セキュアブートの概念図

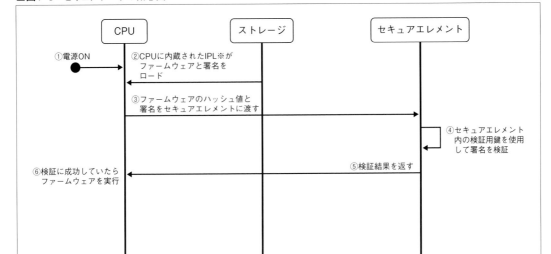

るための機能として、一部のCPUではセキュアブートという機能を備えているものがあります。ファームウェアをロードする際に、ファームウェアに付与された電子署名を検証し、検証にパスしたファームウェアだけを起動する機能です（図7-8）。セキュアブートを有効に機能させるためには、ファームウェアに署名を付与して配信するシステムや、検証用の鍵を安全に保管するセキュアエレメントをデバイスが有している必要があるなど、いくつかの追加要件が必要となるため、本書発行時点ではこの機能を備えているデバイスはほとんどないようです。しかし、今後IoTデバイスが普及しその重要度が増すにつれ、このような根本的な対策が求められるようになるでしょう。

まとめ

IoTのセキュリティリスクは、現実的な脅威です。IoTを自社内で活用したいと考えている担当者、あるいはIoTサービスを提供したいと考えている事業者は、その責務としてIoTのセキュリティ対策に取り組む必要があります。

IoTは複数の要素が連携する複雑なシステムですが、アプリケーションやネットワークに関するセキュリティ対策は、これまでの情報セキュリティと大きく変わりません。一方で、デバイスに関する対策は、その所有者を信頼できないという点において、これまでのPCやスマホなどユーザがすなわち管理者であった場合とは、前提条件が違うことに注意が必要です。

セキュリティリスクを過小に評価し、隙のあるシステムを世に送り出してしまったら、Miraiが史上最悪のDDoS攻撃を引き起こしたように、取返しのつかない結果を招きかねません。しかし、リスクを過大に評価し、過剰な対策を取ることは、IoTの普及を阻害しかねません。侮らず、恐れず、現実的な脅威を見極め、適切な対応を取る必要があります。

本稿が、IoTに取り組む際のセキュリティ対策を検討するうえでの一助となれば幸いです。

Part3 実践編
IoTデバイス実践講座

Chapter 8
Raspberry Piの基本動作
事前準備からLED制御まで

Part 3では、これまでの章で得られたさまざまなIoTの知識の理解をより深めるために、実際に動作するシステムを組んでいきます。登場するのは非常に簡単な回路やプログラムコードばかりなので、これから活用される参考にしてください。
なお、本章で必要となるものを紹介していきますが、これらは2019年4月時点での情報となりますので、ご注意ください。

松井 基勝　[mail]motokatsu.matsui@gmail.com　[GitHub]j3tm0t0
MATSUI Motokatsu　[Twitter]@j3tm0t0

プログラマ、インフラエンジニア、クラウドエンジニアを経て、現在は株式会社ソラコムでサービスでさまざまなエンジニアリング領域を担当。共著書に『AWSエキスパート養成読本』(2016年 技術評論社)など。最近は自宅の家電のコントロールを自動化することに挑戦中。趣味はお酒を飲みながらアナログゲームを遊ぶこと。

デバイス（マイコン）

第3章では代表的なマイコンとして「Arduino」と「Raspberry Pi」が紹介されていました。本章では、ネットワークへの接続性や利用できるプログラム言語の自由度が高いため、Raspberry Pi（図8-1）を前提とします。

Raspberry PiはLinuxやBSDなどのUnix系OS、Windows IoT Coreなど、さまざまなOSを実行できますが、本章では最も広く利用されていると思われるDebianベースの「Raspbian」というディストリビューションを利用します。

最低限必要なもの

Raspberry Piを使用するには、次のものが最低限必要です。必要なものがセットになったスターターキットのようなものもありますので、そちらを購入することも検討してください。

❖Raspberry Pi本体

これまでにいろいろなバージョンのRaspberry Piが発売されていますが、これから入手するのであれば一番最新の「Raspberry Pi 3 Model B+」をお勧めします。

❖USB電源とMicro USBケーブル

アンペア数の高いもの（2A以上）を推奨します。Raspberry Pi 3を使う場合には、2.5Aの専用アダプタとなるべく太めで品質の良いケーブルを用意しましょう。

❖SDカード

基本的にはMicroSDカードを買えばよいでしょう（初代Raspberry PiのみのSDカードですが、変換アダプタが同梱されているケースが多いです）。容量は最低2GBあればよいですが、これから買い求める場合には入手性が高く価格も十分こなれているので、16GB以上のものを買うとよいでしょう。

お手持ちのパソコンにSDカードリードライタが付いていない場合には、USBのSDカードリードライタを用意する必要があります。

❖LANケーブル

Raspberry Piと作業するPCを繋ぐためのLANケーブルです。Raspberry Pi 3であればWi-Fiに対応しているので必要ないように思うかもしれませんが、無線LANの設定を投入するまで接続ができないので、あったほうがよいでしょう。

無線LANルータがあれば、無線LANルータのLAN端子に繋ぐのがよいですが、ない場合にはパソコンと直接繋いで、インターネット共有機能などを使って設定を進めるという手段もあります。

あるとよいもの

❖ケース

基板そのままでもRaspberry Piを使うことはもちろん可能ですが、持ち運びする際などに心配ですので、ケースを買っておきましょう。GPIO端子にアクセスしやすいものを選ぶと後々の作業が楽になります。

❖HDMIの接続できるモニタとHDMIケーブル、USBキーボード

これらを使うことで、Raspberry Piにネットワークログインしなくても設定を進めることができます（例えばWi-Fiの設定をするなど）。また起動後の画面でIPアドレスが表示されるので、ネットワークログインを行う接続先が確実にわかります。

■図8-1：筆者の所有するRaspberry Piファミリ

❖ USBマウス

もしRaspberry PiでGUIを使いたい場合には、こちらも用意しておきましょう。

❖ USB Wi-Fiアダプタ

Rasberry Pi 3以外を使っている場合には、1つ持っておくと便利です。

電子部品

本章で必要となる部品を説明します。

❖ ブレッドボード（図8-2）

電子回路を試作する際に使うはんだ付けが不要な基板のことで、樹脂製の板にたくさんの穴が空いています。5個ずつ並んだ穴は互いにつながっており、同じ列に刺したコードや部品の足同士は、はんだ付けを行わなくても通電（電気的につながっている）状態となります（図8-3）。また外周部に「+」や「-」と書かれて線が引かれている穴の列がある場合は、電源のプラスとマイナス端子に繋いで使うと便利です。

❖ ジャンパコード（図8-4）

ブレッドボードに配線を行うためのコードで、Raspberry Piの端子がオス、ブレッドボードがメスなので、本章では主にオス-メスのタイプを使います。ブレッドボード内の配線には、オス-オスのタイプを使います。

❖ 発光ダイオード（LED）（図8-5）

ダイオードの一種で、順方向に電圧を加えた際に発行する半導体素子です。さまざまな色のLEDが売られています。

❖ タクトスイッチ（図8-6）

ブレッドボード上に直接刺せるタイプがよいでしょう。中央のボタンを押すと、2本の足が通電状態となります。

■図8-4：ジャンパーコード（オス-メスタイプ）

■図8-5：発光ダイオード（LED）

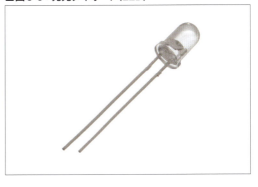

■図8-2：よく見かけるタイプのブレッドボード

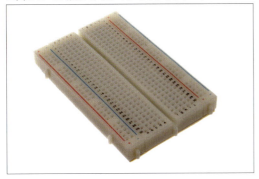

■図8-3：ブレッドボード配線図

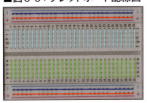

■図8-6：タクトスイッチ

❖ 超音波センサ (HC-SR04)（図8-7）

超音波を飛ばして、戻ってくるまでの時間を計測することで、物体までの距離を測ることができるセンサです。

❖ 温度センサ (DS18B20+)（図8-8）

1-wire方式のデジタル温度センサです。A/D変換機能を持たないRaspberry Piで利用しやすいです。

❖ 抵抗（図8-9）

電流が流れすぎないようにしたり、電圧を調整するために使います。本章では、LED用に330Ω、温度センサ用に4.7kΩの抵抗を使います。

ネットワーク

IoTシステムに不可欠なネットワーク接続に関しては、設置場所に関係なく通信が行える3G/LTEネットワークを利用でき、またIoTに便利な機能を有するIoTプラットフォーム「SORACOM」を利用します。

SORACOMを利用するには、次のものが必要になります。

❖SORACOMアカウント

「SORACOM オペレーター登録」（URL https://console.soracom.io/#/signup）からアカウントを作成できます（アカウントを作成するには、有効なメールアドレスが必要になります）。日本向けのSIMを利用するため、カバレッジタイプは「Japan」を選択しましょう。

❖SORACOM Air SIM

SORACOM Air SIMカードを入手する必要があります。SORACOM Air SIMカードは、SORACOMのユーザコンソールから直接発注することもできますし、Amazon.co.jpなどの通販サイトで1枚単位で購入することができます。もし1枚だけ購入するのであれば、Amazonで購入することをお勧めします。なお、本書では標準サイズのSIMを利用しますが、他の用途でも使いたい場合は、一番小さいナノサイズと、SIMアダプタを購入してもよいでしょう。

3G/LTE接続モジュール

Raspberry PiをSORACOM Air SIMで接続するには、通信モジュールが必要になります。通信モジュールにはUSBモデムタイプと専用モジュールがあります。

USBモデムタイプ

動作確認の取れているものでは、図8-10から図8-12のようなものがあります。図8-12はRaspberry Pi側では特に設定が必要がないので、比較的簡単に接続ができます。なお本書の説明では、図8-11の「Abit AK-020」を使用します。

■図8-7：超音波センサ (HC-SR04)

■図8-8：温度センサ

■図8-9：抵抗

Chapter8 　Raspberry Piの基本動作

■図8-10：富士ソフト FS01BU（3G）

■図8-11：Abit AK-020（3G）

■図8-12：PIX-MT100（LTE）

専用モジュール

メカトラックス3GPI（図8-13）は、Raspberry Pi用に専用設計された3G通信モジュール基板。電源を強化しているため、安定して稼働します。また、モバイルルータ（図8-14）も利用できます。できれば、クレードルを使うなどして有線接続ができるモデルがよいでしょう。なお、SORACOM Air SIMの使えるAndroidやiOS端末（図8-15）を使って、テザリングすることも可能です。

■図8-13：メカトラックス3GPI

Raspberry Piをセットアップする（Raspbian OSの設定）

Raspberry Piが利用できるように設定していきます。Raspberry PiのOSは、イメージ形式で配布されており、SDカードに書き込むことで利用できます。

イメージファイルのダウンロード

IoT用途であればグラフィカルなデスクトップ環境は必要ありませんので、Liteイメージを利用することをお勧めします。本家サイト（URL https://www.raspberrypi.org/downloads/raspbian/）からもダウンロードできますが、国内のミラーサイト（URL http://ftp.jaist.ac.jp/pub/raspberrypi/raspbian_lite/images/）も利用可能です。

本章では、執筆時点での最新バージョンである2019/04/08バージョン（2019-04-08-raspbian-stretch-lite.zip）を使用します。

使用するイメージ（ZIPファイル）をダウンロードできたら、解凍してイメージ（img）ファイルを取り出します。

■図8-14：モバイルルータ

■図8-15：スマホ（Android／iOS）

改訂新版　IoTエンジニア養成読本　109

イメージファイルの書き込み

イメージファイルをSDカードに書き込みます。イメージの書き込みには、WindowsやmacOSなどPCを使います。SDカードスロット、またはUSBのSDカードリーダライタを経由して、SDカードをPCに接続します。書き込みにはGUIで簡単に書き込めるツール「Etcher」を使用します。

❖Etcherのダウンロード

Etcherの開発元であるbalena社のサイト（図8-16）から、ご自身のOS環境にあったものをダウンロードします（図8-17）。ダウンロードしたら、プログラムを起動します。

❖Ethcerを使ったイメージの書き込み

Select imageから先ほどダウンロードしたファイルを指定します（図8-18）。次にSDカードが接続されたドライブを選択します（図8-19）。最後に［Flash!］ボタンを押すと、書き込みが始まり、正しく書き込まれたか自動的に確認されます（図8-20）。「Flash Complete!」となれば、書き込み完了です（図8-21）。

■図8-16：balena社のWebサイト
　　　　　(URL) https://www.balena.io/etcher/)

■図8-17：ダウンロード選択ページ

■図8-18：書き込みの流れ①

■図8-19：書き込みの流れ②

■図8-20：書き込みの流れ③

■図8-21：書き込みの流れ④

❖SSHの有効化

　書き込みが終わったら、一度SDカードを抜き、再度接続します。そうすると、「boot」というラベルのドライブが見えるようになるので開きます。ここに「ssh」または「ssh.txt」という名前の空のファイルを作成します。空のファイルを作成するには、次のような方法があります。

・ダウンロードする

　次のURLをブラウザで開いてファイルをダウンロードし、SDカードにコピーします。

URL https://soracom-files.s3.amazonaws.com/ssh.txt

・空のテキストファイルを作成してコピーする

　メモ帳やテキストエディタと言ったアプリで「ssh.txt」という名前のファイルを作成して、コピーします。

・コマンドラインから作成する

　（Mac/Linuxの場合）ターミナルアプリを開き、「touch /Volumes/boot/ssh」と実行します。

　（Windowsの場合）コマンドプロンプトを開き、次のように実行します。

```
C:¥Users¥moto> d:
D:¥> copy nul ssh
```

※1行目の「d:」はbootパーティションのドライブ名に応じて読み替えてください

PCとRaspberry Piの接続方法

　Raspberry Piの設定やプログラムを開発する際には、PCからログインしたりインターネットからパッケージやスクリプトなどをダウンロードする必要があるため、まず有線やWi-Fiによってインターネットに接続をします（設定が完了し、プログラムが完成したら、3G/LTEでどこでも利用できるようになります）。

　Raspberry Piとパソコンを繋ぐ構成の例を図8-22に示します。それぞれ必要となるものが異なってくるので、注意が必要です。もし可能であれば、最もシンプルなRaspberry Piをルータに有線接続する方法（図8-22の左）をお勧めします。

Raspberry Piの起動

　いよいよRaspberry Piを起動します。OSのイメージファイルが書き込まれたSDカードをRaspberry Piのスロットに入れ、必要に応じてHDMIモニタやキーボード、LANけーブルなどを接続し、最後に電源用のMicro USBケーブルを接続します。しばらくするとOSが起動します。

　次の事項に該当する場合は、ネットワーク経由でssh接続を行う前にRaspbian側の設定を行う必要があります。HDMIモニタとUSBキーボードを接続したうえで、ログインプロンプト（"raspberrypi login: "という表示）が出ている状態で、ログイン名は"pi"、パスワードは"raspberry"でログインして、

■図8-22：PCとRaspberry Piの接続例

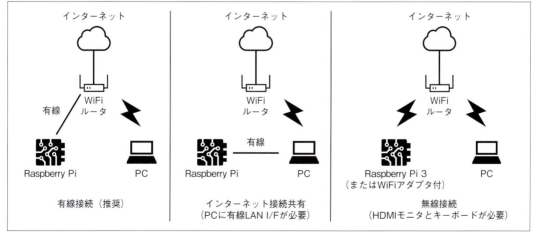

それぞれ設定してください。

- 2016-11-25以降のOSイメージを使う場合
  → sshサーバの有効化が必要
- 無線LANでの接続を行う場合
  → 無線LANの設定が必要

sshサーバの有効化

最新イメージを使っている場合には、sshサーバを有効にする必要があります。手順は次のとおりです。

1. 「sudo raspi-config」コマンドでRaspberry Piソフトウェアコンフィギュレーションツールを起動する
2. メニューから［7 Advanced Options］→［A4 SSH］と辿り、SSHサーバを有効にする

無線LANの設定

無線LAN接続の設定ファイルを作成するために、wpa_passphraseコマンドを使用します。実行結果は図8-23のとおりです。

```
wpa_passphrase 無線LANのSSID 無線LANのパスフレーズ | sudo tee -a /etc/wpa_supplicant/wpa_supplicant.conf
```

設定ファイルが更新できたら、sudo rebootコマンドでOSを再起動後に再度ログインして、「ip a show dev wlan0」で無線LANに接続できたか確認しましょう。図8-24では「192.168.100.28」というIPアドレスで接続できていることが確認できます。

■図8-23：無線LAN接続の設定ファイルを作成する（実行例）

```
pi@raspberrypi:~ $ wpa_passphrase My_AP_SSID wpa_no_passphrase | sudo tee -a /etc/wpa_supplicant/wpa_supplicant.conf
network={
    ssid="My_AP_SSID"
    #psk="wpa_no_passphrase"
    psk=26c67f2d06d4ac9d91a1806e80be9da8315a9d2cb4988ea69e8f0ba37304279b
}
```

■図8-24：無線LANへの接続確認（実行例）

```
pi@raspberrypi:~ $ ip a show dev wlan0
3: wlan0: <BROADCAST,MULTICAST,UP,LOWER_UP> mtu 1500 qdisc pfifo_fast state UP group default qlen 1000
    link/ether b8:27:eb:87:fd:c9 brd ff:ff:ff:ff:ff:ff
    inet 192.168.100.28/24 brd 192.168.100.255 scope global wlan0
       valid_lft forever preferred_lft forever
    inet6 fe80::9c34:7e06:433:86ab/64 scope link
       valid_lft forever preferred_lft forever
```

■図8-25：接続先設定（Tera Term）

■図8-26：ログイン（Tera Term）

ssh接続

作業するPCからRaspberry Piにsshで接続します。sshの接続にはsshクライアントが必要です。

Windowsの場合には、「Tera Term」（URL https://ttssh2.osdn.jp/）などのsshクライアントソフトウェアをインストールするか、Windows 10であれば開発者向け機能を有効にして「Windows Subsystem for Linux」をインストールする必要があります。

macOSの場合にはOS標準でインストールされていますので、追加のインストールは不要です。

❖Windowsの場合

Tera Termをする場合、起動後に図8-25のようにRaspberry Piのアドレスを入力し、サービスは「SSH」、SSHバージョンは「SSH2」を選択して［OK］すると、図8-26のようにログイン画面が表示されます。ユーザ名は"pi"、パスワードは"raspberry"でログインできます（図8-27）。

❖macOSの場合

同じネットワークにいるRaspberry Piは、ホスト名「raspberrypi.local」でアクセスできます。ターミナル.appなどを使って、次のようなコマンドで接続ができます。

```
ssh pi@raspberrypi.local
yes（初回のみ）
raspberry
```

図8-28のように表示されたら、sshで接続できています。

■図8-27：ログイン後（Tera Term）

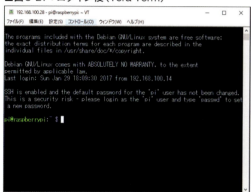

■図8-28：macOSでのssh接続（実行例）

```
~$ ssh pi@raspberrypi.local
The authenticity of host 'raspberrypi.local (fe80::9c34:7e06:433:86ab%en0)' can't be established.
ECDSA key fingerprint is SHA256:2CGR8jwr9RMe/Hh5q2DcImXdq9GXLH81PrrTZCM/mPQ.
Are you sure you want to continue connecting (yes/no)? yes
Warning: Permanently added 'raspberrypi.local,fe80::9c34:7e06:433:86ab%en0' (ECDSA) to the list of known hosts.
pi@raspberrypi.local's password: raspberry（エコーバックされない）

The programs included with the Debian GNU/Linux system are free software;
the exact distribution terms for each program are described in the
individual files in /usr/share/doc/*/copyright.

Debian GNU/Linux comes with ABSOLUTELY NO WARRANTY, to the extent
permitted by applicable law.
Last login: Sun Jan 29 17:54:35 2017 from fe80::1c91:e31:cdc8:eaf6%wlan0

SSH is enabled and the default password for the 'pi' user has not been changed.
This is a security risk - please login as the 'pi' user and type 'passwd' to set a new password.
```

■図8-29：パスワードの変更（実行例）

```
pi@raspberrypi:~ $ passwd
Changing password for pi.
(current) UNIX password: raspberry
Enter new UNIX password: 新しいパスワード  ｝エコーバックされない
Retype new UNIX password: 新しいパスワード
passwd: password updated successfully
```

パスワードの変更

piユーザのパスワードが初期パスワードのままだと危険なため、必ずパスワードを変更しておきましょう（図8-29）。

LEDとスイッチを使ってみる

準備が整ったところで、LEDとスイッチを使っていきます。

ブレッドボードの使い方

まずは、ブレッドボードの使い方を簡単に説明します。ここでは、次のものを使用します。

- ブレッドボード
- LED
- 抵抗（330Ω）
- ジャンパーケーブル2本（赤と黒）

図8-30のようにLEDと抵抗を配置し（LEDには向きがあるので注意、足に印がないほうを赤側につなぎます）、黒いジャンパワイヤをRaspberry Piの6番ピンにつなぎ、赤いジャンパワイヤを1番ピンに刺します。Raspberry PiのGPIO端子は図8-31のようになっています。

LEDは光ったでしょうか？ この回路では、Raspberry Piを電池のように使っているので、何も命令をしなくても常に3.3vの電源が赤い線に流れるため、LEDが光ります。抵抗がなくてもLEDは光りますが、電流が流れすぎてしまい破損することがあるので、流れ込む電流を制限するために抵抗が必要となります。

GPIOでデバイス（LED）を制御する

ブレッドボードとLEDの使い方がわかったところで、GPIOを使ってLEDの明滅をコントロールしてみましょう。

1番ピンに刺していた赤いジャンパピンを、15番ピン（GPIO 22）に刺します（図8-32）。図8-31も参考にしてください。

❖コマンドラインでGPIO制御

Raspberry Piにsshなどでログインし、"pi@raspberrypi:~ $"（プロンプトといいます）と表示されている状態で、次のコマンドを実行します（以降では、特に明記されていないかぎり、このプロンプトが出ている状態でコマンドを入力してください。コマンド中の#以降はコメントを意味します）。

■図8-30：LEDを光らせる（配線図）

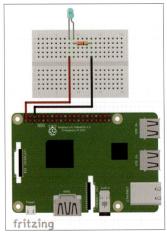

■図8-31：Raspberry PiのGPIO端子

■図8-32：GPIOでデバイス（LED）を制御する（配線図）

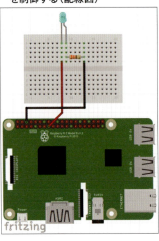

Chapter8　Raspberry Piの基本動作

```
echo 22 > /sys/class/gpio/export
# 22番ピンを使います
echo out > /sys/class/gpio/gpio22/direction
# 22番ピンはout（出力）に使います
echo 1 > /sys/class/gpio/gpio22/value
# 22番ピンの状態を1(HIGH)にします
```

　最後のコマンドを実行した時点で、LEDが光ったと思います。それでは、LEDを消すにはどうしたらよいでしょうか？　次のコマンドを実行してください。

```
echo 0 > /sys/class/gpio/gpio22/value
```

　LEDが消えたと思います。このように、ピンの電圧をHIGH（1）かLOW（0）に設定することで、LEDの明滅ができるようになりました。

❖Pythonから GPIO 制御

　Raspbianではいろいろなプログラミング言語を利用できますが、最初からインストールされており、近年人気の高いスクリプト言語Pythonを利用して

GPIOを制御してみます（Pythonのプログラム例は、簡単な構文を利用し、なるべくコメントを入れていますので、Python自体の解説は割愛していること、ご了承ください）。

　リスト8-1を「led-flash.py」というファイル名で保存して、次のコマンドで実行します。

```
python led-flash.py
```

　実行すると、1秒毎にLEDが明滅を繰り返します（もし動作しなかった場合には、配線を確かめてみましょう）。

　おめでとうございます！　これが「Lチカ（エルチカ）」という、プログラムで言うところの"Hello World!"のような最初の一歩となります。プログラムはずっと動くようになっていますが、Ctrl + C で止められます。

　図8-33を見ると何やら、Warningが出ていますね。これは、先程コマンドラインでGPIO 22番をすでに使用していたため表示されています。プログラムの実行には特に支障はありません。

■リスト8-1：PythonからGPIO制御（led-flash.py）

```
#!/usr/bin/env python
# -*- coding: utf-8 -*-
# 必要なライブラリの読み込み
import RPi.GPIO as GPIO
import time

# GPIOを使うためのおまじない
GPIO.setmode(GPIO.BCM)    # PIN番号ではなく、GPIOの番号で指定
pin=22                    # GPIO 22（15番ピン）を使う
GPIO.setup(pin, GPIO.OUT) # 出力に使用する

while True: # 以下の処理を繰り返し行う
    GPIO.output(pin, 1)   # HIGH(1)=3.3vにする
    time.sleep(1)         # 1秒待つ
    GPIO.output(pin, 0)   # LOW(0)=0vにする
    time.sleep(1)         # 1秒待つ
```

■図8-33：PythonからGPIO制御（実行例）

```
pi@raspberrypi:~/iot-book-handson $ python led-flash.py
led-flash.py:10: RuntimeWarning: This channel is already in use, continuing anyway.  Use GPIO.
setwarnings(False) to disable warnings.
  GPIO.setup(pin, GPIO.OUT)
```

改訂新版　IoTエンジニア養成読本　**115**

タクトスイッチを使う

次に、タクトスイッチを追加して、スイッチが押されたことをプログラムから検知してみましょう。

最初に図8-34を参考にして配線してください。

❖ スイッチの入力を検知する

スイッチを押すと、GND（黒い線）とGPIO 23が繋がり、GPIO 23の状態がLOW（0）になります。これをリスト8-2のプログラムで検知することで、ボタンが押されたかどうかを判定できます。

図8-35のようにプログラムを実行して、スイッチを押すと検知されたメッセージが表示されますね。これで、スイッチの入力を検知できるようになりました。

```
python switch.py
```

LEDをボタンで制御する

続いてボタンを押している間だけ、LEDが光るようにしてみましょう。プログラムはリスト8-3のようになります。作成したled-switch-1.pyは次のように実行します。

■図8-34：タクトスイッチを使う（配線図）

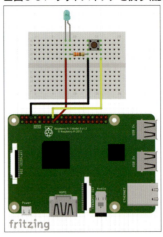

```
python led-switch-1.py
```

ボタンが押すとLEDの明滅が切り替わる

さらに、ボタンが押されたら点灯／消灯が切り替わるようにしてみましょう。「状態」を持たなければいけなくなるので、少し複雑になります（リスト8-4）。同様に実行すると、図8-36のようにボタンを押すたびに、点灯／消灯が切り替わるようになりました！

■リスト8-2：スイッチの入力を検知する（switch.py）

```
#!/usr/bin/env python
# -*- coding: utf-8 -*-
# 必要なライブラリの読み込み
import RPi.GPIO as GPIO
import time

# GPIOを使うためのおまじない
GPIO.setmode(GPIO.BCM)      # PIN番号ではなく、GPIOの番号で指定
pin=23                      # GPIO 23（16番ピン）を使う
GPIO.setup(pin, GPIO.IN, pull_up_down=GPIO.PUD_UP) # 入力に使う、プルアップする

while True: # 以下の処理を繰り返し行う
    input_state = GPIO.input(pin)        # スイッチの状態の取得
    if input_state == 0:                 # LOW（0）状態である場合
        print('スイッチが押されました')    # メッセージを表示する
        time.sleep(1)                    # 1秒待つ
    time.sleep(.1)                       # 0.1秒待つ
```

■図8-35：スイッチの入力を検知する（実行例）

```
pi@raspberrypi:~/iot-book-handson $ python switch.py
スイッチが押されました
スイッチが押されました
```

Chapter8　Raspberry Piの基本動作

■リスト8-3：LEDをボタンで制御する（led-switch-1.py）

```python
#!/usr/bin/env python
# -*- coding: utf-8 -*-
# 必要なライブラリの読み込み
import RPi.GPIO as GPIO
import time

# GPIOを使うためのおまじない
GPIO.setmode(GPIO.BCM)        # PIN番号ではなく、GPIOの番号で指定
led_pin=22                    # LEDはGPIO 22
switch_pin=23                 # スイッチはGPIO 23
GPIO.setup(led_pin, GPIO.OUT) # LEDで使うピンの設定
GPIO.setup(switch_pin, GPIO.IN, pull_up_down=GPIO.PUD_UP) # スイッチで使うピンの設定

while True: # 以下の処理を繰り返し行う
  input_state = GPIO.input(switch_pin) # スイッチの状態を取得
  if input_state == 0:        # 押されている場合
    GPIO.output(led_pin, 1)   # HIGH(1)にする
  else:                       # 押されていない場合
    GPIO.output(led_pin, 0)   # LOW(0)にする
  time.sleep(.1)              # 0.1秒待つ
```

■リスト8-4：ボタンが押すとLEDの明滅が切り替わる（led-switch-2.py）

```python
#!/usr/bin/env python
# -*- coding: utf-8 -*-
# 必要なライブラリの読み込み
import RPi.GPIO as GPIO
import time

# GPIO を使うためのおまじない
GPIO.setmode(GPIO.BCM)        # PIN番号ではなく、GPIOの番号で指定
led_pin=22                    # LEDはGPIO 22を使う
led=0                         # 初期状態では消灯
GPIO.setup(led_pin, GPIO.OUT) # LEDで使うピンの設定
GPIO.output(led_pin, 0)       # 初期状態は0(消灯)
switch_pin=23                 # スイッチはGPIO 23を使う
GPIO.setup(switch_pin, GPIO.IN, pull_up_down=GPIO.PUD_UP) # スイッチで使うピンの設定

while True: # 以下の処理を繰り返す
    input_state = GPIO.input(switch_pin) # スイッチの状態を読み取る
    if input_state == 0:
        led = 1 if led == 0 else 0  # 変数ledを0と1の間で変える
        print "スイッチが押されたので、LED を %s します" % ("点灯" if led == 1 else "消灯")
        GPIO.output(led_pin, led)   # LEDの状態を変更する
        time.sleep(1)
    time.sleep(0.1)
```

■図8-36r：ボタンが押すとLEDの明滅が切り替わる（実行例）

```
pi@raspberrypi:~/iot-book-handson $ python led-switch-2.py
スイッチが押されたので、LED を 点灯 します
スイッチが押されたので、LED を 消灯 します
スイッチが押されたので、LED を 点灯 します
スイッチが押されたので、LED を 消灯 します
```

まとめ

　駆け足での説明となってしまいましたが、LEDやスイッチなどを使った電気回路をプログラムで制御する基本をご理解いただけたと思います。

　もし配線を間違えてしまうとプログラムが正常に動作しないだけでなく、Raspberry Piが再起動してしまったり、部品やRaspberry Piが破損してしまったり、部品が発熱して煙や火が出ることなどがありますので、十分に注意しながら進めてください。

改訂新版　IoTエンジニア養成読本　**117**

ソフトウェアデザイン プラス

Software Design plusシリーズは、OSとネットワーク、IT環境を支えるエンジニアの総合誌『Software Design』編集部が自信を持ってお届けする書籍シリーズです。

最新刊

失敗から学ぶ RDBの正しい歩き方

曽根壮大 著
A5判・288ページ
定価 2,740円(本体)+税
ISBN 978-4-297-10408-5

Kubernetes実践入門

須田一輝、稲津和磨、五十嵐綾、坂下幸徳、吉田拓弘、河宜成、久住貴史、村田俊哉 著
B5変形判・328ページ
定価 2,980円(本体)+税
ISBN 978-4-297-10438-2

データサイエンティスト養成読本 ビジネス活用編

養成読本編集部 編
B5判・192ページ
定価 1,980円(本体)+税
ISBN 978-4-297-10108-4

- **AWSエキスパート養成読本**
  養成読本編集部 編
  定価 1,980円+税　ISBN 978-4-7741-7992-6

- **サーバ／インフラエンジニア養成読本 DevOps編**
  養成読本編集部 編
  定価 1,980円+税　ISBN 978-4-7741-7993-3

- **Unreal Engine&Unityエンジニア養成読本**
  養成読本編集部 編
  定価 2,280円+税　ISBN 978-4-7741-7962-9

- **Unityエキスパート養成読本**
  養成読本編集部 編
  定価 2,480円+税　ISBN 978-4-7741-7858-5

- **データサイエンティスト養成読本 機械学習入門編**
  養成読本編集部 編
  定価 2,280円+税　ISBN 978-4-7741-7631-4

- **C#エンジニア養成読本**
  養成読本編集部 編
  定価 1,980円+税　ISBN 978-4-7741-7607-9

- **Dockerエキスパート養成読本**
  養成読本編集部 編
  定価 1,980円+税　ISBN 978-4-7741-7441-9

- **AWK実践入門**
  中島雅弘、富永浩之、國信真吾、花川直己 著
  定価 2,980円+税　ISBN 978-4-7741-7369-6

- **シェルプログラミング実用テクニック**
  上田隆一 著、USP研究所 監修
  定価 2,980円+税　ISBN 978-4-7741-7344-3

- **サーバ／インフラエンジニア養成読本 基礎スキル編**
  福田和宏、中村文則、竹本浩、木本裕紀 著
  定価 1,980円+税　ISBN 978-4-7741-7345-0

- **Laravelエキスパート養成読本**
  川瀬裕久、古川文生、松尾大、竹澤有貴、小山哲志、新原雅司 著
  定価 1,980円+税　ISBN 978-4-7741-7313-9

- **Pythonエンジニア養成読本**
  鈴木たかのり、清原弘貴、嶋田健志、池内孝啓、関根裕紀、若山史郎 著
  定価 1,980円+税　ISBN 978-4-7741-7320-7

- **事例から学ぶ情報セキュリティ**
  中村行宏、横田翔 著
  定価 2,480円+税　ISBN 978-4-7741-7114-2

- **データサイエンティスト養成読本 R活用編**
  養成読本編集部 編
  定価 1,980円+税　ISBN 978-4-7741-7057-2

ソーシャルアプリプラットフォーム構築技法

田中洋一郎 著
A5判・360ページ
定価 2,800円(本体)+税
ISBN 978-4-7741-9332-8

マジメだけどおもしろいセキュリティ講義

すずきひろのぶ 著
A5判・416ページ
定価 2,600円(本体)+税
ISBN 978-4-7741-9322-9

プロが教える情報セキュリティの鉄則

香山哲司、小野寺匠 著
A5判・176ページ
定価 2,480円(本体)+税
ISBN 978-4-7741-8815-7

Amazon Web Services負荷試験入門

仲川樽八、森下健 著
B5変形判・368ページ
定価 3,800円(本体)+税
ISBN 978-4-7741-9262-8

IBM Bluemixクラウド開発入門

常田秀明、水津幸太、大島騎頼 著、Bluemix User Group 監修
B5変形判・288ページ
定価 2,800円(本体)+税
ISBN 978-4-7741-9084-6

改訂第3版 Apache Solr入門

打田智子、大須賀稔、大杉直也、西潟一生、西本順平、平賀一昭 著
B5変形判・392ページ
定価 3,800円(本体)+税
ISBN 978-4-7741-8930-7

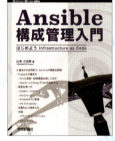

Ansible構成管理入門 はじめよう Infrastructure as Code

山本小太郎 著
B5変形判・176ページ
定価 2,480円(本体)+税
ISBN 978-4-7741-8885-0

ゲームエンジニア養成読本

養成読本編集部 編
B5判・192ページ
定価 2,180円(本体)+税
ISBN 978-4-7741-9498-1

IoTエンジニア養成読本

養成読本編集部 編
B5判・144ページ
定価 1,780円(本体)+税
ISBN 978-4-7741-8865-2

VRエンジニア養成読本

養成読本編集部 編
B5判・112ページ
定価 2,180円(本体)+税
ISBN 978-4-7741-8894-2

モバイルアプリ開発エキスパート養成読本

養成読本編集部 編
B5判・192ページ
定価 1,980円(本体)+税
ISBN 978-4-7741-8863-8

技術評論社

Part3 実践編
IoTデバイス実践講座

Chapter 9
Raspberry Piを外部サービスと連携

センサの値をクラウドに!

本章では、いよいよIoTらしく、インターネットから機器を制御していきます。

松井 基勝　　[mail]motokatsu.matsui@gmail.com　　[GitHub]j3tm0t0
MATSUI Motokatsu　[Twitter]@j3tm0t0

プログラマ、インフラエンジニア、クラウドエンジニアを経て、現在は株式会社ソラコムでサービスでさまざまなエンジニアリング領域を担当。共著書に『AWSエキスパート養成読本』(2016年 技術評論社)など。最近は自宅の家電のコントロールを自動化することに挑戦中。趣味はお酒を飲みながらアナログゲームを遊ぶこと。

Raspberry Piを3G接続する

Raspberry Piを3Gで接続できるようにします。本稿では「SORACOM Air SIM」と「Abit AK-020」を利用します。

SORACOM Airの利用開始

SORACOM Airを利用するには、SORACOMのアカウントと、SORACOM Air SIMが必要となります。アカウントの作成およびAir SIMの登録方法は、次のWebページを参考にしてください。

- SORACOM：Getting Started「ユーザーコンソールの使い方」
  URL https://dev.soracom.io/jp/start/console/

SORACOM Air SIMをAK-020に取り付ける

AK-020の側面部の溝に力をかけてカバーを外し、SIMカードを滑り込ませるように挿入します。SIMカードが標準サイズでない場合には、変換アダプタが必要となります（図9-1）。

SORACOM Airの初期設定スクリプトの実行

AK-020を使った3G接続に必要なダウンロードを行い、次のコマンドを実行すると図9-2のようになります。

```
curl -O http://soracom-files.s3.amazonaws.com/setup_air.sh
sudo bash setup_air.sh
```

スクリプト実行後、しばらくするとドングルのLEDが一瞬赤くなったのち、緑色の点滅に変わります。その状態になったら3G接続が完了しているので、次のコマンドを実行して、接続状況を確認してみましょう（図9-3）。

```
ifconfig ppp0
curl checkip.soracom.io
```

もし接続されない場合にはsudo rebootコマンドでOSを再起動したり、ドングルを挿し直してみましょう。

■図9-1：SORACOM Air SIMをAK-020に取り付ける

■図9-2：パッケージスクリプトのダウンロード（実行例）

```
pi@raspberrypi:~ $ curl -O http://soracom-files.s3.amazonaws.com/setup_air.sh
  % Total    % Received % Xferd  Average Speed   Time    Time     Time  Current
                                 Dload  Upload   Total   Spent    Left  Speed
100  4892  100  4892    0     0   122k      0 --:--:-- --:--:-- --:--:--  125k
pi@raspberrypi:~ $ sudo bash setup_air.sh
--- 1. Check required packages
wvdial is not installed! installing wvdial...

Get:1 http://raspbian.raspberrypi.org/raspbian stretch InRelease [15.0 kB]
Get:2 http://archive.raspberrypi.org/debian stretch InRelease [25.4 kB]
Get:3 http://raspbian.raspberrypi.org/raspbian stretch/main armhf Packages [11.7 MB]
Get:4 http://archive.raspberrypi.org/debian stretch/main armhf Packages [221 kB]
Get:5 http://archive.raspberrypi.org/debian stretch/ui armhf Packages [45.0 kB]
Get:6 http://raspbian.raspberrypi.org/raspbian stretch/non-free armhf Packages [95.5 kB]
Fetched 12.1 MB in 30s (392 kB/s)
Reading package lists... Done
```

（次ページにつづく）

Chapter9 Raspberry Piを外部サービスと連携

（前ページのつづき）

```
Reading package lists... Done
Building dependency tree
Reading state information... Done
The following additional packages will be installed:
  libpcap0.8 libuniconf4.6 libwvstreams4.6-base libwvstreams4.6-extras ppp
The following NEW packages will be installed:
  libpcap0.8 libuniconf4.6 libwvstreams4.6-base libwvstreams4.6-extras ppp wvdial
0 upgraded, 6 newly installed, 0 to remove and 51 not upgraded.
Need to get 1,218 kB of archives.
After this operation, 3,297 kB of additional disk space will be used.
Get:1 http://ftp.jaist.ac.jp/pub/Linux/raspbian-archive/raspbian stretch/main armhf libpcap0.8
armhf 1.8.1-3 [123 kB]
Get:2 http://ftp.tsukuba.wide.ad.jp/Linux/raspbian/raspbian stretch/main armhf libwvstreams4.6-
base armhf 4.6.1-12~deb9u1 [194 kB]
Get:3 http://ftp.jaist.ac.jp/pub/Linux/raspbian-archive/raspbian stretch/main armhf
libwvstreams4.6-extras armhf 4.6.1-12~deb9u1 [330 kB]
Get:4 http://ftp.jaist.ac.jp/pub/Linux/raspbian-archive/raspbian stretch/main armhf libuniconf4.6
armhf 4.6.1-12~deb9u1 [139 kB]
Get:5 http://ftp.jaist.ac.jp/pub/Linux/raspbian-archive/raspbian stretch/main armhf ppp armhf
2.4.7-1+4 [323 kB]
Get:6 http://ftp.jaist.ac.jp/pub/Linux/raspbian-archive/raspbian stretch/main armhf wvdial armhf
1.61-4.1 [107 kB]
Fetched 1,218 kB in 4s (293 kB/s)
Preconfiguring packages ...

（中略）

Processing triggers for man-db (2.7.6.1-2) ...
Setting up libpcap0.8:armhf (1.8.1-3) ...
Setting up ppp (2.4.7-1+4) ...
Created symlink /etc/systemd/system/multi-user.target.wants/pppd-dns.service → /lib/systemd/
system/pppd-dns.service.
Setting up libwvstreams4.6-extras (4.6.1-12~deb9u1) ...
Setting up libuniconf4.6 (4.6.1-12~deb9u1) ...
Setting up wvdial (1.61-4.1) ...

Sorry.  You can retry the autodetection at any time by running "wvdialconf".
   (Or you can create /etc/wvdial.conf yourself.)
Processing triggers for libc-bin (2.24-11+deb9u4) ...
Processing triggers for systemd (232-25+deb9u9) ...

# please ignore message above, as /etc/wvdial.conf will be created soon.

ok.

--- 2. Patching /lib/systemd/system/ifup@.service
ok.

--- 3. Generate config files
Adding network interface 'wwan0'.
Adding udev rules for modem detection.
ok.

--- 4. Initialize Modem
Found un-initilized modem. Trying to initialize it ...
ok.
Now you are all set.

Tips:
 - When you plug your usb-modem, it will automatically connect.
 - If you want to disconnect manually or connect again, you can use 'sudo ifdown wwan0' / 'sudo
ifup wwan0' commands.
 - Or you can just execute 'sudo wvdial'.
```

改訂新版 IoTエンジニア養成読本 **121**

Part3 実践編 IoTデバイス実践講座

■図9-3：接続状況の確認（実行例）

```
pi@raspberrypi:~ $ ifconfig ppp0
ppp0: flags=4305<UP,POINTOPOINT,RUNNING,NOARP,MULTICAST>  mtu 1500
        inet 10.xxx.xxx.xxx  netmask 255.255.255.255  destination 10.64.64.64
        ppp  txqueuelen 3  (Point-to-Point Protocol)
        RX packets 94  bytes 726 (726.0 B)
        RX errors 0  dropped 0  overruns 0  frame 0
        TX packets 95  bytes 2137 (2.0 KiB)
        TX errors 0  dropped 0 overruns 0  carrier 0  collisions 0

pi@raspberrypi:~ $ curl checkip.soracom.io
xxx.xxx.xxx.xxx
```

メタデータサービスを使ってみる

簡単に「デジタルツイン」を実現するために、SORACOM Airのメタデータサービス機能を利用します。

メタデータサービスとは、SORACOM Air SIMで通信をしているときに、通信しているSIMに関する情報やユーザが定義したデータを参照できる機能です。

メタデータサービスの設定方法は次のとおりです。

1. 「SORACOM ユーザーコンソール」左上部のメニューを開いて［グループ］を選択する
2. ［＋ 追加］を押してグループを作成する（グループ名は任意）
3. 作成されたグループをクリックする
4. SORACOM Air設定をクリックする
5. ［メタデータサービス設定］の下のスライドスイッチを「ON」にし、［読み取り専用］のチェックを外す（図9-4）
6. ［保存］を押す
7. 左上部メニューから［SIM管理］をクリックする
8. 対象のSIMを選択し、［操作］から［所属グループ変更］を選択する

9. 先ほど作成したグループを選択して［グループ変更］をクリックする

これでSORACOM Airのメタデータサービス機能が使えるようになりました。

メタデータサービスにアクセスする

SORACOM Airで接続されている状態で、http://metadata.soracom.io/v1/subscriberにアクセスしてみましょう。次のコマンドでアクセスできます。

```
curl http://metadata.soracom.io/v1/
subscriber
```

図9-5のように、さまざまな情報を含む、JSON形式のデータが得られました（一部マスクしています）。

■図9-4：メタデータサービス設定（SORACOM ユーザーコンソール）

メタデータサービス設定

ON

☐ 読み取り専用

許可するオリジン

この値が Access-Control-Allow-Origin ヘッダーに指定されます

ユーザーデータ

■図9-5：メタデータサービスにアクセスする（実行例）

```
pi@raspberrypi:~ $ curl http://metadata.soracom.io/v1/subscriber
{"imsi":"44010xxxxxxxxxx","msisdn":"81xxxxxxxxxx","ipAddress":"10.xxx.xxx.xxx","operatorId":"OPx
xxxxxxxxx","apn":"soracom.io","type":"s1.standard","groupId":"8f25e612-6f4b-472c-a15a-1ef82f7b61
01","createdAt":1442558946494,"lastModifiedAt":1485081476224,"expiredAt":null,"expiryAction":nul
l,"terminationEnabled":false,"status":"active","tags":{"name":"AK-020(3G)"},"sessionStatus":{"la
stUpdatedAt":1485081453550,"imei":"xxxxxxxxxxxxxxx","location":null,"ueIpAddress":"10.xxx.xxx.xx
x","dnsServers":["100.127.0.53","100.127.1.53"],"online":true,"gatewayPublicIpAddre
ss":"54.250.252.xxx"},"imeiLock":null,"speedClass":"s1.standard","moduleType":"mini","plan":1,"i
ccid":null,"serialNumber":null,"expiryTime":null,"createdTime":1442558946494,"lastModifiedTi
me":1485081476224}
```

122

❖必要な箇所が決まっている場合

仮に、必要な箇所が決まっている場合（例えばNameタグ）は、次のように実行すると部分的に取り出すことも可能です。実行例は**図9-6**のようになります。

```
curl http://metadata.soracom.io/v1/
subscriber.tags.name
```

❖タグを書き込む場合

タグを書き込むには、**URL** http://metadata.soracom.io/v1/subscriber/tagsに対して、**リスト9-1**のようなJSON形式で、PUTリクエストを送ります（**図9-7**）。

タグの値によってLEDの状態を変える

メタデータサービスにアクセスして、"on"だったらLEDを点灯させ、それ以外の場合にはLEDを消灯する、というプログラムを作ってみましょう。pythonでHTTPリクエストを行う場合、requestsモジュールが便利です（**リスト9-2**）。

プログラム実行後にコンソールからledタグを変更すると、次のタイミングでledタグを確認したときにLEDの状態が変わります（**図9-8**）。

スイッチでLEDの状態とクラウド側の情報を変更する

さらに1歩進めて、スイッチを押したときにLEDの状態を変更し、クラウド側の情報も更新するようにしてみましょう。**リスト9-3**は、ループ処理の中で、最初にメタデータサービスの最新データをチェックし、その後インターバル秒数が経過するまではスイッチのチェックを行い、変化があった場合にはメタデータサービスへデータを反映する、といったプログラムになっています。実行すると**図9-9**のようになります。これで、デバイス／クラウドの双方からデータを変更できるようになりました。

計測データの記録

次は、温度センサを使って読み出したセンサ値を記録してみましょう。本稿ではRaspberry Piで利用しやすい温度センサ「DS18B20+」を使います。

Raspbianの設定

図9-10のように/boot/config.txtファイルに「dtoverlay=w1-gpio-pullup,gpiopin=4」という1行を追加し、/etc/modulesファイルに「w1-gpio」と「w1-therm」の2行を追加して、OSを再起動します。なお、**図9-10**ではコマンドラインで追記していますが、viなどのエディタで直接編集しても構いません。

■リスト9-1：JSON形式（例）

```
[
  {
    "tagName": "string",
    "tagValue": "string"
  }
]
```

■図9-6：メタデータのNameタグにアクセスする（実行例）

```
pi@raspberrypi:~ $ curl http://metadata.soracom.io/v1/subscriber.tags.name
AK-020(3G)
```

■図9-7：タグを書き込む（実行例）

```
pi@raspberrypi:~ $ curl -X PUT -H content-type:application/json -d '[{"tagName":"led","tagValue"
:"off"}]' http://metadata.soracom.io/v1/subscriber/tags
{..(中略).."tags":{"name":"AK-020(3G)","led":"off"},..(中略)..}
pi@raspberrypi:~ $ curl http://metadata.soracom.io/v1/subscriber.tags.led
off
```

Part3　実践編　IoTデバイス実践講座

■リスト9-2：タグの値によってLEDの状態を変える（digital-twin-1.py）

```python
#!/usr/bin/env python
# -*- coding: utf-8 -*-
# 必要なライブラリの読み込み
import RPi.GPIO as GPIO
import requests
import time
import sys

# 第1引数があれば、インターバル秒数として扱う
if len(sys.argv) > 1:
    interval = float(sys.argv[1])
else:
    interval = 60.0

# GPIOの設定
GPIO.setmode(GPIO.BCM)
led_pin=22                          # GPIO 22を使う
GPIO.setup(led_pin, GPIO.OUT)       # 出力に使う

while True: # 以下の処理を繰り返す
    print "メタデータサービスにアクセス ... ",
    try:
        # ledタグにアクセス
        r = requests.get('http://metadata.soracom.io/v1/subscriber.tags.led', timeout=5)
    # timeou する場合は、SORACOM Airで接続していない可能性が高い
    except requests.exceptions.ConnectTimeout:
        print "ERROR: メタデータサービスに接続できません(SORACOM Airで接続していますか?)"
        GPIO.cleanup()
        sys.exit(1)
    print r.text.rstrip() ,        # 末尾の改行を省いて出力
    if r.status_code == 404:        # ledタグがない場合はエラーとする
        print "ERROR: led タグが定義されていません"
        GPIO.cleanup()
        sys.exit(1)
    elif r.status_code != 200:      # 何かのエラーが発生
        print "ERROR: サーバエラー発生、設定を確認してください"
        GPIO.cleanup()
        sys.exit(1)
    elif r.text.rstrip() == "on": # ledタグが "on" であった場合
        print "LEDを点灯します"
        GPIO.output(led_pin, 1)    # HIGH(1)にする
    else:
        print "LEDを消灯します"
        GPIO.output(led_pin, 0)    # LOW(0)にする

    # interval秒数が指定されている場合には、sleep後に繰り返し
    if interval>0:
        time.sleep(interval)
    else:
        sys.exit(0)
```

■図9-8：タグの値によってLEDの状態を変える（実行例）

```
pi@raspberrypi:~/iot-book-handson $ python digital-twin-1.py 5
メタデータサービスにアクセス ...   off LEDを消灯します
メタデータサービスにアクセス ...   off LEDを消灯します
メタデータサービスにアクセス ...   off LEDを消灯します <- コンソールでledタグの内容を書き換え
メタデータサービスにアクセス ...   on LEDを点灯します
メタデータサービスにアクセス ...   on LEDを点灯します
```

Chapter9　Raspberry Piを外部サービスと連携

■リスト9-3：スイッチでLEDの状態とクラウド側の情報を変更する（digital-twin-2.py）

```python
#!/usr/bin/env python
# -*- coding: utf-8 -*-
# 必要なライブラリの読み込み
import RPi.GPIO as GPIO
import requests
import time
import sys

# 第1引数があれば、インターバル秒数として扱う
if len(sys.argv) > 1:
    interval = float(sys.argv[1])
else:
    interval = 60.0

led=0 # 初期状態では消灯

# GPIO の設定
GPIO.setmode(GPIO.BCM)
led_pin=22                      # LEDはGPIO 22を使う
GPIO.setup(led_pin, GPIO.OUT)   # LEDで使うピンの設定
GPIO.output(led_pin, led)       # 初期状態を反映する
switch_pin=23                   # スイッチはGPIO 23を使う
GPIO.setup(switch_pin, GPIO.IN, pull_up_down=GPIO.PUD_UP) # スイッチで使うピンの設定

while True: # 以下の処理を繰り返す
    start_time = time.time() # ループ開始時の時間を記録
    print "- メタデータサービスにアクセス"
    try:
        # ledタグにアクセス
        r = requests.get('http://metadata.soracom.io/v1/subscriber.tags.led', timeout=5)
    # timeoutする場合は、SORACOM Airで接続していない可能性が高い
    except requests.exceptions.ConnectTimeout:
        print "ERROR: メタデータサービスに接続できません (SORACOM Airで接続していますか？)"
        GPIO.cleanup()
        sys.exit(1)
    print "led = " + r.text.rstrip() , # 末尾の改行を省いて出力
    if r.status_code == 404: # led タグがない場合はエラーとする
        print "ERROR: led タグが定義されていません"
        GPIO.cleanup()
        sys.exit(1)
    elif r.status_code != 200:       # 何かのエラーが発生
        print "ERROR: サーバエラー発生、設定を確認してください"
        GPIO.cleanup()
        sys.exit(1)
    elif r.text.rstrip() == "on":    # ledタグが "on" であった場合
        led = 1
    else:
        led = 0
    print

    print "- スイッチでの状態変化を受付中 (%.1f 秒)" % (start_time + interval - time.time())
    while True:
        input_state = GPIO.input(switch_pin) # スイッチの状態を読み取る
        if input_state == 0: # ボタンが押されている
            led = 1 if led == 0 else 0       # 変数ledを0と1の間で変える
            print "スイッチが押されたので、LED を %s します" % ("点灯" if led == 1 else "消灯")
            GPIO.output(led_pin, led)        # LEDの状態を変更する

            print "メタデータサービスに書き込み中 ... ",
            payload = '[{"tagName":"led","tagValue": "'+ ("on" if led == 1 else "off") +'"}]'
            print requests.put('http://metadata.soracom.io/v1/subscriber/tags', data=payload,
headers={'content-type':'application/json'}) # PUTアクセス

        # インターバル秒数が経過しているかどうかのチェック
        if time.time() > start_time + interval:
            break
```

（次ページにつづく）

改訂新版　IoTエンジニア養成読本　**125**

Part3　実践編　IoTデバイス実践講座

（前ページのつづき）

```
        else:
            GPIO.output(led_pin, led)
            time.sleep(.1)
```

■図9-9：スイッチでLEDの状態とクラウド側の情報を変更する（実行例）

```
pi@raspberrypi:~/iot-book-handson $ python digital-twin-2.py  5
- メタデータサービスにアクセス
led = off
- スイッチでの状態変化を受付中（2.9 秒）
- メタデータサービスにアクセス
led = off
- スイッチでの状態変化を受付中（3.0 秒）<- スイッチを押す
スイッチが押されたので、LED を 点灯 します
メタデータサービスに書き込み中 ...  <Response [200]>
- メタデータサービスにアクセス
led = on
- スイッチでの状態変化を受付中（2.8 秒）
- メタデータサービスにアクセス
led = on
- スイッチでの状態変化を受付中（3.3 秒）<-コンソールからタグを書き換え
- メタデータサービスにアクセス
led = off
- スイッチでの状態変化を受付中（3.4 秒）
```

■図9-10：計測データの記録ーRaspbianの設定（実行例）

```
pi@raspberrypi:~ $ echo dtoverlay=w1-gpio-pullup,gpiopin=4 | sudo tee -a /boot/config.txt
dtoverlay=w1-gpio-pullup,gpiopin=4
pi@raspberrypi:~ $ echo w1-gpio | sudo tee -a /etc/modules
w1-gpio
pi@raspberrypi:~ $ echo w1-therm | sudo tee -a /etc/modules
w1-therm
pi@raspberrypi:~ $ sudo reboot
```

■図9-11：温度センサのセットアップ（配線図）

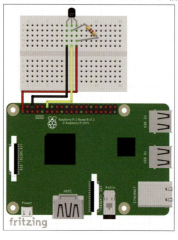

■図9-12：温度センサを接続

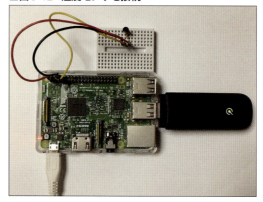

温度センサのセットアップ

図9-11のように配線します。実際には図9-12のようになります。

温度センサの動作テスト

これで温度センサが使えるようになったはずです。温度センサのデータは「/sys/bus/w1/devices/28-

xxxxxxxxxxxx/w1_slave」のようなパスにアクセスして読み出します。xxxの部分は個体ごとに異なり、もし複数のセンサがある場合には別のパスとして見えます。。

図9-13で出力されている2行目の「t=」以降の数字（ここでは「23187」が温度データ（摂氏の1000倍）となっているので、コマンドラインで加工してみましょう。最後の行に対して、「=」（イコール）を区切り文字として取り出した2番目のデータを1000で割ります。これをawkコマンドで行うには、図9-14のようになります。

可視化

センサデータを可視化するには、いろいろな方法があります。例えば、CSVデータにして表計算ソフトでグラフを描画する、またはデータベースなどに入れてBIツールでアクセスするなどです。ただ、リアルタイムなデータを確認しづらかったり、準備が必要であったりと、手間がかかります。

SORACOMプラットフォームには、簡単にセンサデータをグラフとして確認したい場合に、便利なサービス「SORACOM Harvest」があります。

❖SORACOM Harvestとは

SORACOM Harvest（以下、Harvest）は、IoTデバイスからのデータを収集、蓄積するサービスです（図9-15）。SORACOM Airが提供するモバイル通信を使って、センサデータや位置情報などを容易に手間なくクラウド上のSORACOMプラットフォームに蓄積できます。保存されたデータには受信時刻やSIMのIDが自動的に付与され、SORACOM ユーザーコンソール内で、グラフ化して閲覧したり、APIを通じて取得できます。なお、アップロードされたデータは、40日間保存されます。蓄積されたデータはユーザコンソールから、グラフおよび送信されたメッセージを確認できます（図9-16）。

Harvestを利用することで、利用者はIoTデバイスとSORACOM Airがあれば、別途サーバやストレージを準備することなく、データの送信、保存、可視化までの一連の流れを手軽に実現できます。アプリケーションの準備が整わずともIoTデバイスのデータの可視化ができるのです。プロトコルは、HTTP、TCP、UDPに対応しています。デバイスは、これらの簡易な実装だけでクラウドサービスへのデータのインプットが可能です。より本格的にデータを収集／分析したい場合には、任意のタイミングで他のクラウドやストレージにデータを移行し、自身でデータ分析基盤を構築することも可能です。

■図9-15：SORACOM Harvest（概要）

■図9-16：SORACOM Harvest（グラフ表示の例）

■図9-13：温度センサの動作テスト（実行例）

```
pi@raspberrypi:~ $ cat /sys/bus/w1/devices/28-*/w1_slave
73 01 4b 46 7f ff 0d 10 41 : crc=41 YES
73 01 4b 46 7f ff 0d 10 41 t=23187
```

■図9-14：温度センサの値から摂氏を抽出（実行例）

```
pi@raspberrypi:~ $ awk -F= 'END {print $2/1000}' < /sys/bus/w1/devices/28-*/w1_slave
23.5
```

Part3 実践編 IoTデバイス実践講座

❖Harvestを有効化する

メタデータサービスを設定したときと同じく、グループの設定で有効化します。

1. SORACOMユーザコンソール左上部のメニューを開き、［グループ］を選択する
2. SIMで使用しているグループをクリックする
3. ［SORACOM Harvest設定］をクリックする
4. スライドスイッチを「ON」にし［保存］を押す

設定は以上で完了です。なお、次の点に注意してください。

・SORACOM Harvestが有効になっているSIMには書き込み回数に応じて課金がかかります。

－書き込みリクエスト：1日2,000リクエストまで、1SIMあたり1日5円

－1日で2,000回を超えると、1リクエスト当り0.004円

❖Harvestにデータを送信する

Harvestは、TCP/UDP/HTTPでデータを送信できます。例えば、HTTPであれば「http://harvest.soracom.io」にデータをPOSTするだけです。データの形式は、JSON形式や、数字のみでも構いません。

簡単なシェルスクリプト（**リスト9-4**）を使って、データを送信してみましょう。実行はPythonプログラムとは異なり「bash temperature.sh 5」となります（**図9-17**）。また、**図9-18**のように可視化されます。

■リスト9-4：Harvestにデータを送信する（temperature.sh）

```
#!/bin/bash

# 第1引数がデータの送信間隔となる (デフォルトは60秒)
if [ "$1" = "" ]
then
    interval=60
else
    interval=$1
fi

while [ 1 ]
do
    (                                                    # ↓温度を読み取り、tempにセットする
        temp=$(awk -F= 'END {print $2/1000}' < /sys/bus/w1/devices/28-*/w1_slave)
        payload='{"temperature":'$temp'}'  # 送信するJSON文字列を作る
        echo -n payload=$payload
        curl -X POST -d $payload http://harvest.soracom.io && echo " OK" || echo " NG"
    ) &                                                  # ↑HTTP で POST する
    sleep $interval
done
```

■図9-17：Harvestにデータを送信する（実行例）

```
pi@raspberrypi:~/iot-book-handson $ bash temperature.sh 5
payload={"temperature":23.812} OK
payload={"temperature":23.812} OK
payload={"temperature":23.75} OK <- 温度センサを指で摘んで温度を上げる
payload={"temperature":24.375} OK
payload={"temperature":26.562} OK
payload={"temperature":27.375} OK
payload={"temperature":27.875} OK
payload={"temperature":28.125} OK
payload={"temperature":28.312} OK
payload={"temperature":27.937} OK
payload={"temperature":26.687} OK
payload={"temperature":25.937} OK
```

Chapter9　Raspberry Piを外部サービスと連携

■図9-18：可視化された温度データ

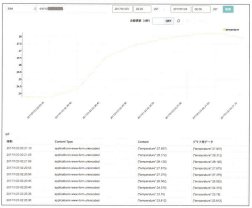

とても簡単なプログラム（コマンド）で、データの可視化ができました。通常、温度の変化はそれほど激しくないので、1分に1回程度にしておけば1日あたり1440リクエストとなり追加料金が発生しません。もし定常的にデータを記録したい場合には適宜送信の間隔を調整しましょう。

距離センサの利用

次は距離センサを使ってみましょう。図9-19、図9-20のように配線します（動作の状況を見たいので、LEDも一緒に配線しています）。温度センサの向きを間違えると、ショートしてしまって温度センサやRaspberry Piが壊れる可能性がありますので、十分に注意して配線してください。

赤をVCC、黒をGNDに刺します。

距離センサのテスト

まずは、正しく距離が読み取れるかどうかを確認しましょう（リスト9-5）。手を近づけたり遠ざけたりして、センサが動いていることを確認しましょう（図9-21）。

■図9-19：距離センサとLEDのセットアップ（配線図）

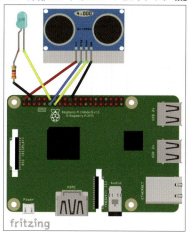

■図9-20：距離センサとLEDを接続

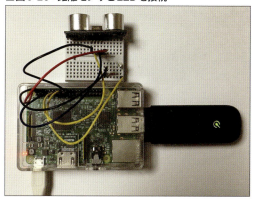

Part3　実践編　IoTデバイス実践講座

■リスト9-5：距離センサのテスト（distance.py）

```python
#!/usr/bin/env python
# -*- coding: utf-8 -*-
import time

# 距離を読む関数
def read_distance():
    # 必要なライブラリのインポート・設定
    import RPi.GPIO as GPIO

    # 使用するピンの設定
    GPIO.setmode(GPIO.BCM)
    TRIG = 17 # ボード上の11番ピン（GPIO17）
    ECHO = 27 # ボード上の13番ピン（GPIO27）

    # ピンのモードをそれぞれ出力用と入力用に設定
    GPIO.setup(TRIG,GPIO.OUT)
    GPIO.setup(ECHO,GPIO.IN)
    GPIO.output(TRIG, GPIO.LOW)

    # TRIG に短いパルスを送る
    GPIO.output(TRIG, GPIO.HIGH)
    time.sleep(0.00001)
    GPIO.output(TRIG, GPIO.LOW)

    # ECHO ピンがHIGHになるのを待つ
    signaloff = time.time()
    while GPIO.input(ECHO) == GPIO.LOW:
        signaloff = time.time()

    # ECHO ピンがLOWになるのを待つ
    signalon = signaloff
    while time.time() < signaloff + 0.1:
        if GPIO.input(ECHO) == GPIO.LOW:
            signalon = time.time()
            break

    # 時刻の差から物体までの往復の時間を求め、距離を計算する
    timepassed = signalon - signaloff
    distance = timepassed * 17000

    # 500cm 以上の場合はノイズと判断する
    if distance <= 500:
        return distance
    else:
        return None

# 直接実行した時にだけ実行される
if __name__ == '__main__':
    while True:
        start_time = time.time()
        distance = read_distance()
        if distance:
            print "距離: %.1f cm" % (distance)

        # 1秒間に1回実行するためのウェイトを入れる
        wait = start_time + 1 - start_time
        if wait > 0:
            time.sleep(wait)
```

■図9-21：距離センサのテスト（実行例）

```
pi@raspberrypi:~/iot-book-handson $ python distance.py
距離: 74.3 cm
距離: 10.5 cm <- 手を近づけてみる
距離: 30.2 cm
距離: 75.8 cm
```

距離センサの応用：トイレセンサを外部サービスと連携

IT系企業だと男性社員の比率が比較的高く、お昼時など男子トイレの数が足りない、なんていう話をよく聞きます。新幹線や飛行機などにあるようなトイレセンサを作ってみましょう。

タンクの上に置いたセンサから読み取った距離が一定以上であれば「空き」、少し離れた位置であれば誰かが立っている「小」、近くであれば「大」なのではないかという予測ができます。

まずは判断ができるかどうか、試してみましょう（リスト9-6、図9-22）。実際には設置場所などにより、ちょうどよい距離の閾値が変わったりすると思いますので、適宜調整をしてみましょう。

取得した値をチャットツール Slack（URL https://slack.com/）に、通知してみましょう。Slackには、WebHook機能があるので、外部からREST APIでメッセージを送信できます。しかし、そのURLはセキュリティトークンを含むため、プログラムコードにそのままURLを書いてしまうのは避けたほうがよいでしょう。

そのため SORACOM Beam（以下、Beam）を使い、Webhookの設定をクラウド側で管理するようにして、プログラムコードには重要な情報を記載しなくても済むようにしましょう。

SORACOM Beamとは

Beamは、IoTデバイスにかかる暗号化等の高負荷処理や接続先の設定を、クラウドにオフロードできる「データ転送支援サービス」です（図9-23）。

Chapter9　Raspberry Piを外部サービスと連携

■リスト9-6：トイレセンサのテスト（toilet-test.py）

```python
#!/usr/bin/env python
# -*- coding: utf-8 -*-
from distance import read_distance # テストに使ったプログラムから、距離を測る関数を読み込む
import time
import sys

# 0=空き 1=小 2=大 とする
state=0
state_name=["空き", "小", "大"]
threshold=[100,50,0] # それぞれの閾値
state_change_at = time.time()

# LED はGPIO 22を使う
led_pin=22
GPIO.setmode(GPIO.BCM)
GPIO.setup(led_pin, GPIO.OUT)

# 第1引数をインターバル秒数とし、デフォルトを5秒とする
if len(sys.argv) > 1:
    interval = float(sys.argv[1])
else:
    interval = 5.0

while True: # 以下の処理を繰り返す
    start_time=time.time()         # ループ開始時の時刻を記録
    distance=read_distance()       # 距離を計測する

    # どの閾値に引っかかるかを判断する
    for i, t in enumerate(threshold): # インデックス（0, 1, 2）付きでループをする
        if distance > t:       # 距離が閾値以上となったら、そのときのインデックスをnew_stateに入れてループ
を抜ける
            new_state = i
            break

    # stateが変わる場合
    if new_state != state:
        duration = time.time() - state_change_at # 前回の変更時刻からの差分を計算
        state_change_at = time.time()
        print "ステータスが %s から %s に変わりました（持続時間 %d 秒）" % ( state_name[state], state_
name[new_state], duration )
        state = new_state

    # 空き以外の場合には、LEDを点灯
    if state > 0:
      GPIO.output(led_pin, 1)
    else:
      GPIO.output(led_pin, 0)

    # インターバル秒数分待つためのsleepを入れる
    if time.time() < start_time + interval:
        time.sleep(start_time + interval - time.time())
    else:
        time.sleep(0.1)
```

■図9-22：トイレセンサのテスト（実行例）

```
pi@raspberrypi:~/iot-book-handson $ python toilet-test.py
ステータスが 空き から 小 に変わりました（持続時間 0 秒）
ステータスが 小 から 空き に変わりました（持続時間 50 秒）
ステータスが 空き から 大 に変わりました（持続時間 310 秒）
ステータスが 大 から 空き に変わりました（持続時間 175 秒）
```

改訂新版　IoTエンジニア養成読本　**131**

■図9-23：SORACOM Beam（概要）

デバイスから3G/LTE回線を経由した安全な通信経路の部分は平文で通信を行い、インターネットへ通信をする際にTLSによる暗号化をクラウド側で処理することで、デバイス側の負担を減らせられます。

また、データを中継する際に、パスワード・APIキー・TLSクライアント証明書といったセキュリティ情報を付与できるので、デバイス上やプログラムコードなどにそのような情報を含めておく必要がありません。これにより、万が一IoTデバイスがハッキングされても、パスワードや証明書などが流出するといったような事故を防げます。

また何らかの理由で通信先のサーバやURLを変更したい場合に、プログラムやでデバイス側の変更をする必要がなく、Beamの設定を変更するだけでよいので、同じプログラムで異なる環境（開発環境／本番環境や、マルチテナント型のサービスを行う際に顧客ごとのサーバ環境）へのデータの出し分けを簡単に行えます。

Slackの設定

SlackはAPI経由でいろいろなサービスと連携できるため、エンジニアに非常に人気があります。保存できるメッセージ数に制限はありますが、無料で使用できるので、もし使っていない人はTeamを作成して使ってみましょう。すでに利用しているTeamを使う場合には「Webhookの設定」から進めてください。

❖Teamの作成

新規でTeamを作成するには、🔗 https://slack.com/createから画面に従ってTeamを作成します。

❖WebHookの設定

次に、Slackにメッセージを送ることができるように、WebHookを設定します。WebHookには、外部から呼び出すための「Incoming WebHook」と外部サービスを呼び出すための「Outgoing WebHook」がありますが、ここでは前者を利用します。

Incoming WebhookのURLに対して、次のような形式でデータをPOSTすれば、Slackにメッセージを送信できます。

`{"text":"メッセージ"}`

設定方法は、次のとおりです。

1. チャンネルの右上にある、歯車アイコンをクリックし、メニューから [Add an app or integration] を選択する（図9-24）
2. 右上の [Build] をクリックする（図9-25）
3. [Make a Custom Integration] をクリックする（図9-26）
4. [Incoming WebHooks] をクリックする（図9-27）
5. [Name] や [Icon] などを指定する（図9-28）

[Save Settings] を押せば、WebHookの作成は完了です。「Webhook URL」はBeamの設定に使用するので、コピーしておきましょう。

SORACOM Beamの設定

BeamからSlackのWebhook URLにデータが送れるように設定をしてみましょう。

1. メニュー→[SIMグループ] から使用するグループを開く
2. [SORACOM Beam設定] をクリックして開き、[+] メニューから [HTTPエントリポイント] を選択
3. 図9-29のように「設定名」「パス」「ホスト名」「パス」を入力して [保存] を押す

実行例

SlackとBeamが設定できたので、実際に距離センサをトイレセンサに見立てて実行してみましょう（リスト9-7、図9-30）。ステータスに変化があると、Slackに通知されます（図9-31）。

Chapter9　Raspberry Piを外部サービスと連携

■図9-24：Webhookの作成（その1）

■図9-25：Webhookの作成（その2）

■図9-26：Webhookの作成（その3）

■図9-27：Webhookの作成（その4）

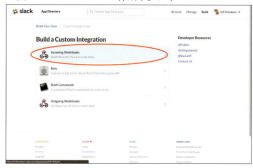

■図9-28：Webhookの作成（その5）

■図9-29：Beam設定

■リスト9-7：トイレセンサ（toilet-notify.py）

```python
#!/usr/bin/env python
# -*- coding: utf-8 -*-
import RPi.GPIO as GPIO
from distance import read_distance # テストに使ったプログラムから、距離を測る関数を読み込む
import time
import sys
import json
import requests

# 0=空き 1=小 2=大 とする
state=0
state_name=["空き", "小", "大"]
threshold=[100,50,0] # それぞれの閾値
```

（次ページにつづく）

改訂新版　IoTエンジニア養成読本　133

Part3 実践編 IoTデバイス実践講座

（前ページのつづき）

```
state_change_at = time.time()

# LED はGPIO 22 を使う
GPIO.setmode(GPIO.BCM)
pin=22
GPIO.setup(pin, GPIO.OUT)

# 第1引数をインターバル秒数とし、デフォルトを5秒とする
if len(sys.argv) > 1:
    interval = float(sys.argv[1])
else:
    interval = 5.0

while True: # 以下の処理を繰り返す
    start_time=time.time()           # ループ開始時の時刻を記録
    distance=read_distance()          # 距離を計測する

    # どの閾値に引っかかるかを判断する
    for i, t in enumerate(threshold): # インデックス（0, 1, 2）付きでループをする
        # 距離が閾値以上となったら、そのときのインデックスをnew_stateに入れてループを抜ける
        if distance > t:
            new_state = i
            break

    # state が変わる場合
    if new_state != state:
        duration = time.time() - state_change_at # 前回の変更時刻からの差分を計算
        state_change_at = time.time()
        message = "ステータスが %s から %s に変わりました(持続時間 %d 秒)" % ( state_name[state],
state_name[new_state], duration )
        print message
        payload = {'text': message}
        print requests.post('http://beam.soracom.io:8888/toilet', data=json.dumps(payload))
        state = new_state
    # 空き以外の場合には、LEDを点灯
    if state > 0:
        GPIO.output(pin, 1)
    else:
        GPIO.output(pin, 0)

    # インターバル秒数分待つための sleep を入れる
    if time.time() < start_time + interval:
        time.sleep(start_time + interval - time.time())
    else:
        time.sleep(0.1)
```

■図9-30,トイレセンサ（実行例）

```
pi@raspberrypi:~/iot-book-handson $ python toilet-notify.py
 :
 :
ステータスが 大 から 空き に変わりました(持続時間 55 秒)
<Response [200]>
```

■図9-31：トイレセンサのSlack通知

toilet-bot BOT 5:26 AM
ステータスが 大 から 空き に変わりました(持続時間 55 秒)

おわりに

　Part 3では、マイコンにセンサやスイッチなどのパーツと、インターネットやクラウドを組み合わせる基本的なやり方を解説してみました。いろいろなセンサやデバイスを使って、ぜひ皆さんのオリジナルのIoTシステムを作ってみてください。

Part4　ビジネス編

Chapter10
IoTシステムを
ビジネスに活かす

技術者が持つべき視点とは

ここまでの章で、IoTシステムに求められる要素や技術、実装方法などについては理解が深まったのではないでしょうか。この章では、本書の最後の章として、これから先IoTシステムがどのように進化していくのか、それをどのように活かすか、そしてその中で技術者としてどのようなスキルを身に付ければいいのかについてまとめます。

片山 暁雄　　[URL]https://www.facebook.com/c9katayama　　[mail]katayama@soracom.jp
KATAYAMA Akio　[GitHub]c9katayama　[Twitter]@c9katayama

現職は株式会社ソラコムで、自社サービス用のソフトウェア開発/運用に携わる。前職はAWSにて、ソリューションアーキテクトとして企業のクラウド利用の提案/設計支援活動を行う。好きなプログラミング言語はJava。

IoTシステムの今後

ここ10年を振り返っても、技術の進歩によりデバイスが小型になったり、通信は安価で高速になったり、クラウドコンピューティングが誕生したりしており、これらの技術進歩を足がかりにして、IoTに注目が集まるようになりました。

これからどのような技術が生まれ、IoTにどう影響があるのか各要素ごとに説明します。

デバイス

IoTシステムが普及するためには、デバイスのサイズがより小さくなり安価になることが必要ですが、さまざまなデバイスベンダーがいまこの領域にトライしています。

❖Raspberry Pi

第8〜9章のハンズオンで利用したRaspberry Piですが、より小型の「Raspberry Pi Zero」（図10-1）という製品が発売されています。

Raspberry Pi Zeroには1GHzのCPU,512MBのメモリが実装されており、サイズも6.5cm×3cmと非常に小さくなっています。何より、価格が5ドルと安価に設定されており、大量のデバイスが安価に利用できることを想像できる値段となっています。

❖デバイス用のOS①：Windows 10 IoT

デバイス用のOSという観点では、デバイスの処理能力の向上により、より開発しやすいものが使えるようになってきています。

例えばマイクロソフトは、デバイス向けに「Windows 10 IoT」というOSを提供しています。Windows 10 IoT上では、従来のWindowsアプリケーションが動作するため、従来のMicrosoft .NETの技術やライブラリ、またVisual Studioなどの開発ツールがそのまま利用できるため、.NETの技術が分かる技術者であれば非常にとっつきやすいですし、またデバイスメインのエンジニアも、サーバ側で利用するのと同じ技術で開発を行うことができるようになります。

❖デバイス用のOS②：Android Things

またスマートフォン用OSで多く利用されているAndroidの提供元であるGoogleも、「Android Things」（図10-2）というOSの提供を発表しています。これはAndroidの技術を組み込みデバイス用にしたもので、GPIOやI2CなどのIOを行える「Peripheral I/O API」を備えています。これもWindows 10 IoTと同様に、Androidで利用できる言語（JavaやC++など）やAPI、ライブラリ、開発ツールが使えるものです。

❖デバイス用のOS③：Amazon FreeRTOS

そしてAmazonも、「Amazon FreeRTOS」というマイコン向けのOSを提供し始めました。またIoTデバイス向けのアプリケーションフレームワークとして、「AWS IoT Greengrass」というサービスを発表しています。このサービスを利用すると、クラウド上で実装したコードを、そのままIoTデバイスにデプロイし、センサー情報の取得や、機械学習を使った画像認識が行えるようになります。

■図10-1：Raspberry Pi Zero

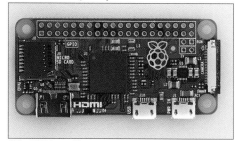

出典：URL https://www.raspberrypi.org/products/pi-zero/

■図10-2：Android Things

出典：URL https://developer.android.com/things/hardware/index.html

■図10-3：AWS DeepRacer

　実際にこのサービスが組み込まれたカメラ製品「AWS DeepLens」や、強化学習をベースとした自動運転ラジコンの「AWS DeepRacer」（図10-3）などの製品が出てきており、今後はこのような、PCやスマートフォン、クラウドなどの技術が、幅広くデバイス分野でも利用できるようになってきます。

　また、第3章でも述べられていますが、Windows IoTやAndroid Things、AWS IoT Greengrassなどがデバイスで使えるようになり、センサ制御のAPI化が進んでいくと、今までデバイスだけを実装していた技術者と、サーバアプリケーションやクラウドを実装していた技術者のスキルがクロスオーバーしてくることが考えられます。

　このため、デバイス開発者は新しい開発言語／環境やクラウドを、PC／スマートフォンの開発者はデバイスやセンサの知識があることが、IoTのシステムでは求められる可能性があります。

❖Amazon Echo

　音声認識が行える「Amazon Echo」のようなデバイスも、近年では一般的に利用されるようになってきています。これはデバイスに「耳」がついたものと言えるでしょう。音声を入力として、家電を操作したり商品を発注したりすることができ、またあるユースケースでは、工場内での音声操作の為に使われたりしています。

　このAmazon Echoの重要な点は、音声認識の部分は「Amazon Alexa」というクラウドサービスを利用しており、それ単体で利用できるという点です。ある意味Alexaは、物理世界の音声をクラウドを使ってデジタル化するためのセンサとも言えると思います。

そして自社デバイスやIoTシステムに、この耳の代わりとなるこの新しいセンサを組み込むことができるということです。

　すでに多くの自動車メーカーや家電メーカーが、このAlexaを製品への組み込みをはじめており、新しいヒューマンインタフェースとして利用され始めています。このようにクラウドと連携したセンサも、今後デバイス開発では抑えておくべきポイントと言えます。

ネットワーク

　IoTにおいては、ネットワークは今非常にホットな分野で、世界各地でIoT向けの新しい通信方式への取り組みが行われています。IoTで必要とされるような、通信帯域は広くないものの、低消費電力で通信料金の安価な通信方式が、日本含め世界で展開されていきます。

❖LTE-MやNB-IoTなどの普及

　第4章でも説明されているように、国内ではセルラー通信であるLTEの規格の1つである「LTE-M（Cat. M1）」や「NB-IoT」という規格に対応した通信サービスやLTEモデムが出始めています。この規格は、通常スマートフォンなどの人が使うセルラー通信（Cat.4など）に比べると通信速度は遅いものの、多くのIoT

■図10-4：Amazon Echo

出典： URL https://www.amazon.com/Amazon-Echo-Bluetooth-Speaker-with-WiFi-Alexa/dp/B00X4WHP5E

用途には十分な速度をサポートしつつ、モデムのサイズや価格、消費電力を抑えたものになっており、通信頻度によっては、電池で数ヵ月の運用を行うことができます。

例えば2018年10月に発売された「SORACOM LTE-M ボタン Powered by AWS」（図10-5）は、LTE-M対応のモデムとSIMが内蔵されたボタン型のデバイスです。

乾電池2本で稼働し、LTE網の範囲であれば屋内屋外問わず、クリックすることでクラウド上の任意のプログラム（AWS Lambdaの関数）を呼び出すことができるようになっています。

このため、例えばボタンクリックでLINEやSlackにメッセージを送ったり、タクシーを配車したり、場所問わずに行動の記録をつけたりすることができ、幅広い用途で利用することができます。このような形でデバイスに組み込まれていく用途を中心に、LTE-MやNB-IoTは普及していくと考えられます。

❖ LoRaWANやSigFoxなどの普及

また第4章のLPWANので説明したLoRaWANやSigFoxといったネットワークも、通信モジュールが出回り、ネットワークインフラが整っていくにつれて、商用サービスも着実に増えていくことになるでしょう。例えばオランダでは、2016年に通信キャリアであるKPNが、オランダ全土で利用できるLoRaWANネットワークの提供を開始しました[注1]。

また日本でも、京セラコミュニケーションシステム（KCCS）やソラコムなどがSigfoxやLoRaWANの

[注1)] URL https://corporate.kpn.com/press/press-releases/the-netherlands-has-first-nationwide-lora-network-for-internet-of-things-.htm

■ 図10-5：SORACOM LTE-M ボタン Powered by AWS

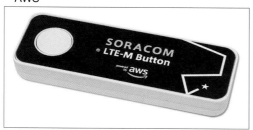

商用サービスを開始しています。屋内屋外問わず使える、安価で低消費電力なLPWANを国中で利用できるということは、多くの企業にとって大きなアドバンテージと言えます。

❖ 5Gや次世代LTEの規格化

その他にも、今後第5世代移動通信システム、通称5Gと呼ばれる、10Gbpsもの通信速度が利用できる次世代のLTEの規格化や、衛星通信を使ったLTEなども実証実験が行われており、インターネットが普及していったような勢いでIoTのネットワークが広がっていくことが予想されます。

ネットワークはIoTシステムの一部であり、デバイスとクラウドをつなぐいわば神経の役割を担います。デバイスを実装するにせよ、アプリケーションを実装するにせよ、IoTシステム全体を問題なく動かすために、こういったネットワーク技術のトレンドを抑え、各通信規格の特性を抑えておくことが重要となるでしょう。

そしてこのようにIoT向けの通信の選択肢が増えることで、場所によってネットワーク設定を変えることなく、むしろ利用者がそもそも通信自体を意識することなく、製品パッケージを開けた時から繋がっている通信組み込み済みの「コネクティッド」な製品が、今後増えていくと考えられます。

クラウド

従来はサーバやストレージと言った基本的なITリソースの提供をメインとしてきたAWSやAzure、GCPといったメガクラウドベンダーは、機械学習や画像認識のような、より高度なクラウドサービス提供を加速させています。

第6章では、IoTアプリケーションの例として、画像認識サービスであるAmazon Rekognitionを紹介しました。これと同様に、テキストスピーチや音声認識もAPIを使ってサービスを呼び出すだけで、その機能を利用することができます。Elastic GPUを利用することで、GPUを購入する必要もなく、TensorFlowやMXNetといった深層学習フレームワークを利用することができますし、Amazon QuickSightやAmazon Athenaを利用すれば、デー

タさえあれば、分析基盤を構築することなくデータ分析を開始することができます。

このようなサービスは各クラウドベンダーが持っており、重要な点はこれらがサービスとして提供されるという点です。すでに出来上がったシステム環境を初期費用なしで利用することができるため、例えば画像認識を行うシステムの環境を構築する、という作業自体が差別化にならなくなってくる可能性があり、それよりもこのサービスを使って、どのようにビジネスにつなげるか、実現したいビジネスに対してどのように利用するかといった観点のほうが重要となってきます。

またAWS IoT Greengrassは、クラウド上で動作するAWS Lambdaがそのままデバイス上で動作する仕組みを提供しており、デバイスへのプログラムの配備や管理、データの同期、さらには機械学習モデルの配備などを、このGreengrassを通じて行うことができます。

これは言い換えると、デジタルツインのデジタル側から物理側に影響を与えるためのフレームワークとも言えるでしょう。無数に増えるデバイス群に対して、管理が行いやすいデジタル側からアプローチをしてIoTシステムを動かすという仕組みは、今後主流になる可能性があり、多くのクラウドベンダーは単にクラウド側のサービスだけではなく、IoTデバイスも取り込んだ形でサービスの構築を行なっています。

クラウドサービスは進化が早く、サービス数も膨大であるため、すべてを覚えきるのはかなり困難です。しかしながら、どのようなサービスをどのベンダーが提供しているのか、どのようなことができるのかといった情報を定期的に集め、利用できそうなサービスはまず触ってみてサービスの良し悪しを見ておく、という作業は非常に有用です。

第1章でも述べたとおり、IoTシステムはいかに早くトライ&エラーを繰り返してビジネスを作るかがポイントになりますので、使えるクラウドサービスを知っているかどうかで、そのスピードに大きな差が出る可能性があります。

アプリケーション

アプリケーションの領域は、実現するビジネスに

よりその内容が大きく異なりますが、やはりクラウドの利用方法や、クラウドで提供されているサービスを知り、そして触っておくことが、技術者としては重要なポイントと言えます。

例えばAWSの提供する画像認識・分析サービスである「Amazon Rekognition」やテキストスピーチサービスである「Amazon Polly」と言ったサービスは、そのまま画像解析やデバイスからの音声出力などのアプリケーションを作る際の部品として利用できますし、BIツールである「Amazon QuickSight」やデータの検索サービスである「Amazon Athena」も同様に、データ分析基盤の一部として利用することもできます。

IoTシステムがビジネスとしての価値を生む部分は、やはりアプリケーションとなるため、このようなクラウドサービスを利用していかに早くアプリケーションを構築し、実際に使いながら利用者のフィードバックを得ながら改修を繰り返すことが重要となります。

また第6章でも触れましたが、作成したIoTシステムが、他のシステムから利用されるケースも考えられます。例えば第1章のハンドソープの例で説明したように、データを集積するだけでなく、そのデータを使った受給予測や他システムとの連携により、新たなビジネスに繋げることも可能です。むしろ従来取得することができなかったデータを取得したり、ネットワークを通じて現実世界に影響をおよぼすことができるIoTでは、このようなビジネスの可能性が大きいと考えられます。

技術者としてはこのような可能性に目を向けつつ、その際に必要な知識（例えばデータ提供を行う際のAPIの定義の仕方やデータフォーマット、システム間の認証方法など）を身に付けておく必要があるでしょう。

セキュリティ

第7章では、IoTシステム全体に渡ってどのような攻撃が行われるのか、どのような対策が取れるのかについて解説を行いました。IoTでは特に、デバイス保護は大きく伸びる分野でしょう。

例えばソフトバンクが買収したチップベンダーのARMが提供するARMプロセッサには、

改訂新版 IoTエンジニア養成読本 **139**

TrustZoneと呼ばれるセキュア領域が実装されたものがあり、これを利用することで汎用OSからは見えない領域で、暗号鍵やIDなどのデータを処理することができます。またSIMカード自体は元々、耐タンパー性を備えたチップで、内蔵のアプレットで処理を行うこともできます。

Microsoftも、Azure Sphere[注2]というソリューションを提供しています。これはマイコンチップ、セキュアOS、Microsoft Azureのセットで、セキュアなデバイス実行環境を提供するものです。

またAWSも、従来より提供しているAWS IoT Greengrass Coreに、ハードウェアセキュリティを統合する機能を追加しています[注3]。IoTデバイスのセキュリティでは、デバイス上にいかに安全にIDと認証情報を配布/保存するかがポイントとなりますが、プロセッサやセキュアエレメントを利用してセキュア領域を確保するという方式が今多く利用されようとしています。例えばセキュアエレメントであるSIM上で動作するアプレットを利用して、AWS IoT Greengrass Core対応のハードウェアセキュリティ統合を利用すると、Greengrass接続時のIDや証明書発行を安全に行うことが可能となります（図10-6）。

今後、このような形でデバイス上のセキュア領域を使って安全にデバイス側を実装する方法も、普及していくと考えられます。またIoTシステムは数多くのデバイスがぶら下がることになるため、IoTシステム自体の監視や異常検出なども重要になってくると考えられます。例えば通信トラフィックや通信パターンなどを元に異常を検知して、必要であれば自動的に通信を遮断したり、デバイスを停止させるような仕組みです。デバイスの管理については、先出のAzure Sphereでも機能が提供されていますし、AWS IoTにもデバイス管理機能が提供されています。

❖LWM2M

またベンダー中立という観点では、OMA（Open Mobile Alliance）が策定した「LWM2M（Lightweight Machine to Machine）」と呼ばれる規格が、IoT用途として利用されつつあります（図10-7）。

これはスマートフォンなどの管理を行う「OMA DM」と呼ばれる規格をIoT/M2M用途にブラッシュ

注2) URL https://azure.microsoft.com/ja-jp/services/azure-sphere/

注3) URL https://docs.aws.amazon.com/ja_jp/greengrass/latest/developerguide/hardware-security.html

■図10-6：AWS IoT Greengrass Coreのハードウェアセキュリティ統合

Chapter10 IoTシステムをビジネスに活かす

■図10-7：LWM2Mで制御されるデバイス

アップしたもので、CoAPと呼ばれるUDPベースのプロトコルに、デバイスの状態をJSONやTLV（Type-Length-Value）の軽量フォーマットを使って、デバイスとクラウドで状態をコントロールするものです。JavaのIDEで有名なEclipse.orgにはこのLWM2M関連のオープンソースがいくつもあり、IntelやSIERRA WIRELESS、BOSCHといったメーカーの技術者が実装を行っています。商用サービスとしては、「SORACOM Inventory」などがあります。

いずれにせよ、IoTシステムに対する攻撃やその防御手段はまだ発展途上であり、各セグメントでこれから増えていきます。セキュリティはIoTシステムの設計段階から組み込んでおくことが最も重要なため、後手に回らないよう、セキュリティに関しても情報収集を行う必要があるでしょう。

IoTシステムの技術者として必要な技術・スキル

IoTシステムの各要素において技術者として必要なスキルや観点について、改めてまとめてみたいと思います。

IoTシステム自体を作り上げるためのデバイスや通信、クラウドサービスは、あと数年で十分に充足し、安価に利用できるようになると予想されます。技術面や費用面での負担が減り、ビジネスに合わせてIoTシステムを構築、運用することが、より少ない人数で実現できるようになるでしょう。このため、IoTシステム全体をセキュリティや運用面も含めて設計し、短期間で立ち上げることができる技術者は、IoTで

は1つのロールモデルとなるでしょう。そのため、IoTシステムの各要素でどのような技術やサービスがあるのかという情報を定期的にアップデートして、さらに情報だけでなく、手を動かして理解しておくことは非常に重要だと筆者は考えます。

勉強会やハンズオンセミナーに参加する

とはいえ、IoTシステムの構築には、デバイスからセキュリティまで幅広い知識と経験が必要となるため、1人でIoTシステムを作り上げ運用することは、実際には難しいでしょう。もし会社内や自分の周りに、自分の知らない知識を聞ける相手がいないようであれば、勉強会やハンズオンセミナーに出かけてみるのも1つの手です（図10-8）。

特にIoTと銘打ったコミュニティが実施する勉強会やハンズオンは、さまざまなバックグラウンドを持った技術者が集まることが多く、普段接している技術やスキルとは違うものを持った人と交流できるという点では、良い刺激になるでしょう。実際に、本書もIoT通信プラットフォームソラコムのユーザグループである「SORACOM UG」で知り合った方々に声をかけ、執筆を行いました。

各分野の技術・スキルを持った方と交流することで、新しい知識や知見を得られ、筆者も一技術者として成長する良い機会だと思っています。

また単に技術者としての交流だけではなく、ビジネス上のパートナーとして一緒に働いたり、IoTシステムを作ることもあり、会社を超えてコミュニティに参加し、交流してみることは、自身のキャリアパスを鑑みても有意義だと感じます。

ビジネスをどう作るかという観点

またIoTシステムの技術者としては、もちろんIoTシステムそのものに対する知識やスキルは必要ですが、「ビジネスをどう作るのか、ビジネスモデルをどう作るのか」という所に視点を持つべきだと筆者は考えます。

例えば2010年に創業したNestという会社は、家庭用のIoTサーモスタットを提供しています（図10-9）。このサーモスタットは、センサーやAIが搭載

改訂新版 IoTエンジニア養成読本 141

されており、ユーザーの生活パターンを記録して、部屋の中にある空調機器を調整して、快適な温度を保つ仕組みが搭載されています。また遠隔地からスマートフォンでエアコンをつけたり、温度を確認することができます。

これだけであれば、似たような製品は日本にもあるのでは？と思いますが、このNestという会社は、Googleに約3,200億円で買収されており、その理由はNestのビジネスモデルにあると言われています。

1つがNestの製品と連携できるAPIを提供して、Nest以外の製品と連携できるプラットフォームの提供。「Works with Nest」と名付けられたプラットフォームではNestのAPIを使って、家庭用のさまざまな機器が連携することが可能です（**図10-10**）。またAPI経由でこれら機器を操作できるため、開発者がアプリケーションを開発することが可能となります。

例えばNEST API対応のウェアラブルデバイスから取ったデータを元に部屋をコントロールしたり、同様にAPI対応したLEDを使って、生活リズムに合わせて部屋の照明を調整したりすることができます。

またNestの製品をハブにして、遠隔地から家電を操作することもできます。Nestを持っている顧客は、Nest対応の家電を買うことでメリットを享受できるということです。

こういったプラットフォームは「エコシステム」とも呼ばれ、シェアが広がると以降の製品が参入しづらくなり、支配的な基盤となります。iPhoneやAndroidのアプリストアなどはまさにその典型と言えますが、それと同様のことを家庭用のIoT機器市場で実現したのがNESTとなります。

さらにNestはもう1つ、このエコシステムを利用したビジネスモデルを持っています。Nestが普及し、Nestのサーモスタットを通じて家庭内の機器を操作できるようになると、電力発電所は、作った電気を貯めておくことができないため、常に総電気利用量よりも多い電力発電をし続ける必要があります。もし電力利用量よりも発電量が下回れば、停電が発生するからです。発電には火力や水力、原子力などが使われますが、いずれを利用するにしても発電量を急激に増やすことはできないため、予想されるピーク電力を元にして、余剰のある電力発電をしています。このため、1%でも電力発電量を減らすことができれば、発電所としては大きなコスト削減ができることになります。

Nestは発電所と契約をして、このピークコントロールにより収益を得るというビジネスモデルを持っています。Nestの利用数が増えれば増えるほど、ピークコントロールでコントロールできる電力量が大きくなるため、今後の展開によっては、Nestの製品自体

■図10-8：ハンズオンの風景

■図10-9：NESTのサーモスタット

出典： **URL** https://nest.com/thermostat/meet-nest-thermostat/

Chapter10　IoTシステムをビジネスに活かす

■図10-10：Work with Nest

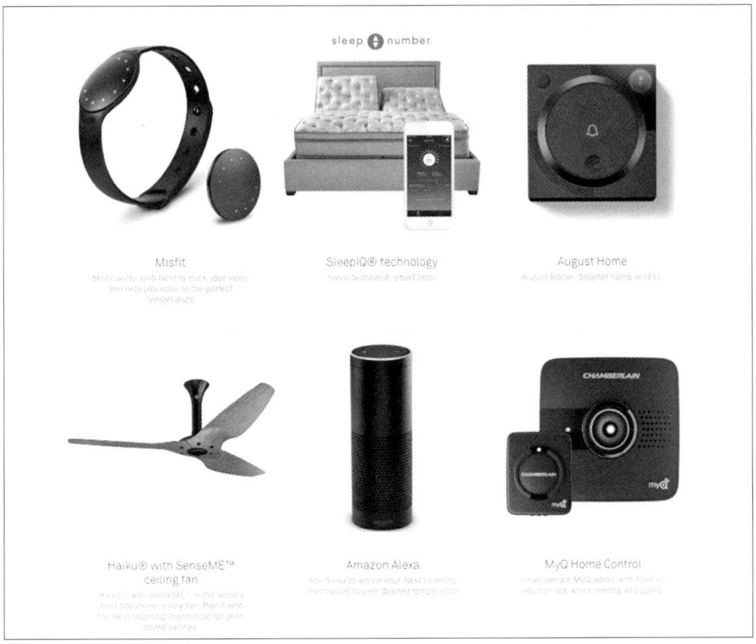

出典： **URL** https://nest.com/works-with-nest/

は非常に安価、もしくは無料で配布するような可能性もあります。

　IoTでビジネスを考えた場合、自社のコスト削減や利用者の利便性向上に目が行きがちですが、IoTシステムを作りプラットフォームを提供したり、また得られたデータを使って収益をあげるところまで含めて大きなビジネスができる所が、IoTの重要な点です。そしてそれが、今多くの企業がIoTに取り組んでいる理由です。

　技術者としては、単に指示された通りにIoTシステムを作るのではなく、ビジネスとして大きくなりそうか、ビジネスモデルとして成長しそうかという点に注目して、時には自らが提案することも必要なスキルと言えます。

　またそのようなことができるような環境を探して働くということも、技術者としてのキャリアパスとして良いのではないかと考えます。

まとめ

　この書籍では、IoT技術者のための養成読本と題して、IoTの概要からIoTシステムの説明、各要素の説明を1冊にまとめました。

　読者の方のバックグラウンドにより、既知の情報が多かったりしたとは思いますが、聞いたことのない単語や技術があったなら、ぜひ是非深掘りして調べてみていただきたいと思います。また筆者らもよく勉強会やイベントなどに参加していますので、ぜひお声掛けいただいて、聞いてもらえればと思います。

　本書がIoTでシステムを構築したり、ビジネスを検討される方の一助となれば幸いです。

改訂新版　IoTエンジニア養成読本　**143**

◆装丁・目次デザイン　　　トップスタジオデザイン室（嶋 健夫）
◆表紙・目次イラスト　　　HNK/Shutterstock.com
◆本文デザイン＆DTP　　　朝日メディアインターナショナル㈱
◆担当　　　　　　　　　　取口 敏憲

■お問い合わせについて

　本書に関するご質問については、本書に記載されている内容に関するもののみとさせていただきます。本書の内容と関係のないご質問につきましては、一切お答えできませんので、あらかじめご了承ください。また、電話でのご質問は受け付けておりませんので、本書サポートページ経由かFAX・書面にて下記までお送りください。

＜お問い合わせ先＞
●本書サポートページ
https://gihyo.jp/book/2019/978-4-297-10690-4
本書記載の情報の修正／訂正／補足については、当該Webページで行います。

●FAX・書面のお送り先
〒162-0846　東京都新宿区市谷左内町21-13
株式会社技術評論社　雑誌編集部
「改訂新版 IoTエンジニア養成読本」係
FAX　03-3513-6173

　なお、ご質問の際には、書名と該当ページ、返信先を明記してくださいますよう、お願いいたします。
　お送りいただいたご質問には、できる限り迅速にお答えできるよう努力いたしておりますが、場合によってはお答えするまでに時間がかかることがあります。また、回答の期日をご指定なさっても、ご希望にお応えできるとは限りません。あらかじめご了承くださいますよう、お願いいたします。

改訂新版 IoT エンジニア養成読本

2017 年 4 月 25 日　初版　　　第 1 刷　発行
2019 年 7 月 2 日　第 2 版　第 1 刷　発行

著　者　　片山 暁雄、松下 享平、大槻 健、大瀧 隆太、鈴木 貴典、竹之下 航洋、松井 基勝
発行者　　片岡 巌
発行所　　株式会社技術評論社
　　　　　東京都新宿区市谷左内町 21-13
　　　　　電話　03-3513-6150　販売促進部
　　　　　　　　03-3513-6177　雑誌編集部
印刷／製本　図書印刷株式会社

定価はカバーに表示してあります。

本書の一部あるいは全部を著作権法の定める範囲を超え、無断で複写、複製、転載あるいはファイルを落とすことを禁じます。

本書に記載の商品名などは、一般に各メーカーの登録商標または商標です。

©2019　片山 暁雄、松下 享平、大槻 健、大瀧 隆太、アクロクエストテクノロジー㈱、竹之下 航洋、松井 基勝

造本には細心の注意を払っておりますが、万一、乱丁（ページの乱れ）や落丁（ページの抜け）がございましたら、小社販売促進部までお送りください。送料小社負担にてお取り替えいたします。

ISBN 978-4-297-10690-4　C3055
Printed in Japan